中国消防救援学院规划教材

消防救援心理学

主　　编　雷　榕　齐方忠
副 主 编　王淑娴　但　浩
参编人员　陈明厚　刘昌旺　王　超
　　　　　张　杰　江俊颖　杜吉生
　　　　　刘晋军　孙梓斐

应急管理出版社
· 北　京 ·

图书在版编目（CIP）数据

消防救援心理学／雷榕，齐方忠主编．--北京：应急管理出版社，2022（2024.9 重印）

中国消防救援学院规划教材

ISBN 978-7-5020-9416-4

Ⅰ.①消… Ⅱ.①雷… ②齐… Ⅲ.①消防—救援—心理学—高等学校—教材 Ⅳ.①TU998.1 ②B845.67

中国版本图书馆 CIP 数据核字（2022）第 122759 号

消防救援心理学（中国消防救援学院规划教材）

主　　编　雷　榕　齐方忠
责任编辑　闫　非
编　　辑　王雪莹
责任校对　孔青青
封面设计　王　滨

出版发行　应急管理出版社（北京市朝阳区芍药居 35 号　100029）
电　　话　010-84657898（总编室）　010-84657880（读者服务部）
网　　址　www.cciph.com.cn
印　　刷　河北鹏远艺兴科技有限公司
经　　销　全国新华书店

开　　本　787mm×1092mm 1/16　**印张**　11 1/2　**字数**　249 千字
版　　次　2022 年 8 月第 1 版　2024 年 9 月第 3 次印刷
社内编号　20220826　　**定价**　36.00 元

前　　言

中国消防救援学院主要承担国家综合性消防救援队伍的人才培养、专业培训和科研等任务。学院的发展，对于加快构建消防救援高等教育体系、培养造就高素质消防救援专业人才、推动新时代应急管理事业改革发展，具有重大而深远的意义。学院秉承“政治引领、内涵发展、特色办学、质量立院”办学理念，贯彻对党忠诚、纪律严明、赴汤蹈火、竭诚为民“四句话方针”，坚持立德树人，坚持社会主义办学方向，努力培养政治过硬、本领高强，具有世界一流水准的消防救援人才。

教材作为体现教学内容和教学方法的知识载体，是组织运行教学活动的工具保障，是深化教学改革、提高人才培养质量的基础保证，也是院校教学、科研水平的重要反映。学院高度重视教材建设，紧紧围绕人才培养方案，按照“选编结合”原则，重点编写专业特色课程和新开课程教材，有计划、有步骤地建设了一套具有学院专业特色的规划教材。

本套教材以马克思列宁主义、毛泽东思想、邓小平理论、“三个代表”重要思想、科学发展观、习近平新时代中国特色社会主义思想为指导，以培养消防救援专门人才为目标，按照专业人才培养方案和课程教学大纲要求，在认真总结实践经验，充分吸纳各学科和相关领域最新理论成果的基础上编写而成。教材在内容上主要突出消防救援基础理论和工作实践，并注重体现科学性、系统性、适用性和相对稳定性。

《消防救援心理学》由中国消防救援学院教授雷榕、齐方忠任主编，讲师王淑娴、副教授但浩任副主编。参加编写的人员及分工：王淑娴编写绪论、第十章，江俊颖编写第一章，但浩编写第二章，刘昌旺编写第三章，雷榕编写第四章，王超编写第五章，杜吉生、刘晋军编写第六章，齐方忠编写第七章，陈明厚编写第八章，张杰编写第九章，孙梓斐编写第十一章。应急管理部消防救援局科技计划项目对编写工作给予了支持。

本套教材在编写过程中，得到了应急管理部、兄弟院校、相关科研院所的大力支持和帮助，谨在此深表谢意。

由于编者水平所限，教材中难免存在不足之处，恳请读者批评指正，以便再版时修改完善。

中国消防救援学院教材建设委员会

2022年4月

目 录

绪　论

消防救援心理学，是国家综合性消防救援队伍建设和发展的一项崭新内容。新形势下，“对党忠诚、纪律严明、赴汤蹈火、竭诚为民”四句话方针对消防救援人员的心理素质提出了更高的要求，迫切需要加强对消防救援人员心理的全面研究，根据消防救援队伍和人员实际，积极探索消防救援人员的个性心理特征和心理活动规律，提高消防救援人员的心理素质，增强其自助与助人能力，切实保障消防救援效能。

一、消防救援心理学的研究对象

（一）内涵

《中国大百科全书·军事》中，“消防”即“消除隐患，预防灾患”，是预防和解决人们在生活、工作、学习过程中遇到的人为与自然、偶然灾害的总称。在人们认识初期，“消防”有（扑灭）火灾的意思。消防的任务主要包括火灾现场的人员救援，重要设施设备、文物的抢救，重要财产的安全保卫与抢救，扑灭火灾等，其目的是降低火灾造成的破坏程度，减少人员伤亡和财产损失。消防行动坚持“先人后物、先控后灭”和确保重点的行动原则。

“救援”是指个人或人们在遭遇灾难或其他非常情况（自然灾害、意外事故、突发危险事件等）时，获得实施解救行动的整个过程；救援事业是指能够做长久完善地准备和随时随地能够及时实施解救行动的事务。

继2018年10月国家综合性消防救援队伍组建之后，“消防”和“救援”紧密结合在一起。消防救援队伍一方面坚持预防为先，全力防范化解重大安全风险；另一方面在继续履行灭火救援职责的基础上，承担起如水灾、旱灾、台风、地震、泥石流等自然灾害和交通、危险化学品爆炸等各类灾害事故的应急处置任务，始终代表着消防救援的国家队形象。消防救援人员全年365天、每天24小时都在应急值守，闻讯出警，随时可能面对极端情况和生死考验，其高负荷、高压力、高风险的任务特点对其身心健康提出了严峻的挑战，这就需要每一名消防救援人员增强自身心理素质，不断适应外界变化，在完成繁重任务的同时保持心理健康。因此，将心理学这门研究人类心理现象及其影响下的精神功能和行为活动的科学应用到消防救援队伍中势在必行。

如果将“消防救援”定义为消防救援人员在工作中履行职责的行为过程，那么“消防救援心理”则可以理解为消防救援人员在履行工作职责过程中的心理现象及其活动规律，这里的心理现象是心理学理论视野中的心理现象，包括信息接收与行为过程（感知觉、思维、想象、记忆、注意）、信息接收与行为过程的内在反应（情绪、意志）、信息接收与行为过程的个人特点（气质、能力、性格）。综上所述，“消防救援心理”就是消防救援人员在履行工作职责过程中与外界发生互动时所形成的信息传递方式、内在心理反应、外显个性特点及其行为应对方式。消防救援心理学则是依据心理学的原理对消防救援人员在履行工作职责过程中与外界发生互动时所形成的信息传递方式、内在心理反应、外显个性特点及其行为应对方式进行应用研究的一门科学。

（二）研究内容

消防救援心理学的研究内容有以下三个方面：①注重消防救援人员个体心理现象的描述以及心理规律的阐释，探索提高个体心理素质的途径；②注重研究消防救援队伍集体心理发展的特点和一般规律，关注人际互动关系中呈现出的心理现象，以及在队伍建设中的士气凝聚，探索优化队伍集体心理的有效途径和基本措施，更好地为消防救援队伍的全面建设服务；③加强消防救援人员在执行任务时的心理分析，充分运用已有设备和心理学工作方法，重点研究消防救援人员心理应激水平，及时采取得当的心理干预，提供有效的心理咨询。以上三个方面可简单归纳为“消防救援人员普遍心理现象”“消防救援队伍建设中的心理学”以及“消防救援任务中的心理学”。

1. 消防救援人员普遍心理现象

消防救援人员普遍心理现象是指消防救援人员的心理过程以及个性心理。主要包括“消防救援人员的认知过程、情感过程及意志过程”“消防救援人员的个性及其完善”等内容。

2. 消防救援队伍建设中的心理学

消防救援队伍建设中的心理学主要关注如何运用心理学理论知识为加强消防救援队伍建设全面服务。主要包括“消防救援人员的心理健康”“消防救援人员的家庭管理”“消防救援人员的集体心理”“消防救援高效团队建设”“消防救援人员职业心理建设”等内容。

3. 消防救援任务中的心理学

消防救援任务中的心理学研究坚持加强“平时预防、增效战时应对”的原则，偏重于分析战时消防救援人员发生的心理现象，及时纠正心理偏差，以任务为导向，分析消防救援人员执行任务前、中、后的心理变化，在平时加强心理训练以及战前心理干预，并在任务各个阶段提供有效心理咨询，为完成任务做好心理支撑。主要包括“消防救援人员心理应激及调适”“消防救援人员心理危机与应对”“消防救援人员心理调控”“消防救援人员的心理咨询与治疗”等内容。

二、消防救援心理学的研究任务

（一）探索提高个体心理素质的有效途径

良好的心理素质是消防救援人员全面发展的重要组成部分，对于加强消防救援队伍现代化建设，完成好各项任务具有重要意义。因此，必须深入研究消防救援人员的认知过程、情感过程、意志过程和个性倾向性、个性心理特征、自我意识等形成、发展的一般规律，努力探索提高消防救援人员个体心理素质的有效途径，更好地为消防救援队伍的全面建设服务。

（二）探索优化集体心理的基本措施

良好的集体心理是确保消防救援队伍凝聚力和救援效能生成的重要因素。因此，必须深入分析集体心理的内容和作用，认真研究集体心理发展的特点和一般规律，紧贴救援任务实际，大力开展有利于良好集体心理生成的活动，为圆满完成以消防救援为中心的各项任务提供坚强的心理保障。

（三）探索改进思想政治工作的新路径

思想政治工作是消防救援人员忠实履行职责使命的重要保证。因此，必须认真分析新时期消防救援人员在思想观念、价值取向、行为方式上发生的深刻变化，深入研究影响政治教育和经常性思想工作效果的心理因素，积极探索增强思想政治工作成效的心理学方法，不断提高思想政治工作的针对性和有效性。

（四）探索提高消防救援队伍管理教育水平的心理学方法

管理工作是加强消防救援队伍全面科学建设的重要内容，是提高消防救援效能的重要保证。在新的历史条件下，消防救援队伍管理教育工作中出现了许多新情况和新问题，必须认真分析影响管理教育工作的心理学因素，深入研究消防救援人员的心理特点和活动规律，积极探索加强队伍经常性管理特别是安全管理的心理学方法，不断提高队伍的管理教育水平。

（五）为消防救援人员完成任务能力提供心理学帮助

灭火、救援是消防救援的基本实践活动。因此，必须认真分析消防救援人员在救援任务前、中、后所显现出的心理变化，及时调控，研究消防救援人员有效救援应具备的心理品质，深入研究消防救援人员在完成中心任务中常见的心理应激及干预方法，不断提高消防救援人员在现代化条件下完成多样化救援任务的能力。

心理学是一门关于“人”的科学，其研究目的是探索人自身的特点并指导人如何进行心理活动和行为，以便更符合人的要求去生存和发展。消防救援心理现象主要包括在救援活动中消防救援人员的心理和行为现象，这些心理和行为现象是必然的还是扭曲的，是符合人性发展规律要求的还是违背人性发展规律要求的，需要用心理学理论去指导和验证。消防救援工作需要在心理学理论的正确指导下进行，同时消防救援活动有其自身的特点，普通心理学的知识应用到消防救援工作领域，需要经历职业化的过程。所谓职业化，就是依据职业特点，有选择地、变通地、创造性地将普通心理学理论融入消防救援工作中，形成这一领域独特的实践性心理学体系。

三、消防救援心理学的性质及意义

（一）性质

1. 综合性

消防救援心理学作为一门专门研究消防救援人员心理现象的应用学科，涉及生理心理学、发展心理学、医学心理学、社会心理学等学科的内容，体现出这些学科在消防救援工作中的应用，同时，对消防救援心理现象的研究和探讨也是对这些学科理论的丰富。具体来说，心理学的感知觉理论、记忆理论、情绪理论、个性理论为研究消防救援心理学奠定了基础；生理学，尤其是神经科学的发展为研究消防救援人员的心理现象提供了更为客观的指标；社会学理论为研究消防救援人员人际互动及高效团队建设提供了指引；管理学与心理学的有机结合更好地为加强消防救援队伍建设服务；语言学、咨询心理学的相关理论和技术为消防救援人员身心健康提供了保障，同时计算机技术的应用在消防救援队伍现代化心理训练过程中具有不可替代的重要作用。因而，消防救援心理学是在心理学基础上，运用各学科的理论和知识来指导与研究消防救援活动前、中、后期中心理现象的一个综合性学科。

2. 应用性

研究消防救援心理是在普通心理学的基础上，运用各学科的理论和知识来指导与研究消防救援队伍日常生活、管理与任务中的心理现象，是运用上述学科的理论、知识和技术来揭示消防救援人员在履行工作职责过程中与外界发生互动时所形成的信息传递方式、内在心理反应、外显个性特点及其行为应对方式。消防救援心理学是心理学理论和技术及其他相关理论、知识和技术在消防救援活动中的具体应用。当然，这并不是上述理论、知识和技术在这一领域的简单重复，更不是一种简单的迁移。消防救援心理学是一个独特的领域，有着自身的规律与特点，要围绕消防救援活动全过程所显示出来的心理现象，运用相关理论和知识进行深入研究与探索。

（二）意义

1. 有利于完善心理学的学科体系，促进心理科学的不断发展

消防救援心理学的研究对象是消防救援人员的心理现象及其活动规律。运用心理学原理研究消防救援人员相对于一般个体的特殊心理现象及其活动规律，在一定程度上拓展了心理学理论的广度和深度，使心理学的学科体系更趋完善。同时，消防救援心理学的研究，把消防救援队伍建设和管理中的实践经验升华到理性高度，在一定程度上丰富了心理学的理论宝库。

2. 有利于丰富和发展消防救援理论，为消防救援理论的研究开辟了新天地

研究消防救援心理学，为消防救援理论研究开辟了新领域。国家综合性消防救援队伍作为应急管理部重要力量组成，有其自身的特点和规律，需要从多方面进行理论上的探讨和研究，从心理学角度进行分析就是其中一个重要方面。因此，在新的历史条件下，深入研究消防救援心理学就成为建设现代化消防救援体系的重要课题，对丰富和发展消防救援理论研究产生重要影响。

3. 有利于提高消防救援人员的个体心理素质，促进其人格的健康成长

消防救援心理学揭示了消防救援人员心理过程和个性心理形成、发展的规律，能帮助其自觉运用科学心理学知识武装自己，在消防救援队伍中不断锻造勇敢、坚定、顽强、进取的心理品质，促进健康人格的形成和完善。

4. 有利于运用心理学理论指导救援实践，促进以灭火、救援为中心的各项任务圆满完成

消防救援心理学揭示了消防救援人员在完成中心任务和队伍日常管理教育中的心理现象及其规律，为消防救援队伍的全面建设提供了心理学的原则、途径和方法，对于消防救援人员履行职责使命具有重要的指导和推动作用。

习题

1. 消防救援心理学的研究内容是什么？
2. 消防救援心理学的意义是什么？

第一章　消防救援人员的心理过程

第一节　消防救援人员的认知过程

认知过程是基本的心理过程，情感与意志是在认知的基础上产生的。认知过程包括感知觉、记忆、思维、想象等感性认识和理性认识阶段。一切复杂的心理活动都是以感知觉为基础的，但要真正认识事物的本质和规律，还需要由感性认识上升到理性认识，这一过程是通过记忆、思维和想象等活动来实现的。注意则是伴随在心理过程中的心理特性，以保证人的各项心理活动的顺利进行。

一、感知觉及消防救援人员观察能力的培养

（一）感觉

1. 感觉的含义

感觉是指人脑对直接作用于感觉器官的客观事物的个别属性的反映。在日常生活中，人时刻都在接触外界的各种事物，这些事物直接作用于人的各种器官，在头脑中相应产生各种感觉。例如，看到某种颜色、听到某种声音、闻到某种气味，从而产生视觉、听觉和嗅觉等。感觉这种心理活动并非反映客观事物的全貌，而只是反映事物的个别属性。它是一种最简单的心理活动，是认识的最初来源，是探索心理活动的入口。一切更复杂的心理活动，如知觉、思维、情感等，都是在感觉的基础上产生的。

2. 感觉的分类

依据刺激物的性质和各感觉器官的特点，感觉可分为外部感觉和内部感觉。外部感觉是指接受外部刺激，反映外界事物个别属性的感觉。外部感觉包括视觉、听觉、嗅觉、味觉和肤觉。肤觉又可细分为温觉、冷觉、触觉、痛觉。内部感觉又称机体感觉，是指接受机体本身的刺激，反映机体的位置、运动和内部器官不同状态的感觉，包括运动觉、平衡觉和机体觉等。各种感觉的适宜刺激和感受器的关系见表1-1。

3. 感受性和感觉阈限

感受性是指感觉器官对适宜刺激的感觉能力。不同的人对刺激的感受性是不同的，同一个人对不同刺激的感受性也不尽相同。通常而言，当客观刺激物直接作用于感觉器官时，人们才能产生感觉，但并非所有作用于我们感觉器官的事物都能引起感觉。其中一个重要原因是某种感觉器官一般只接受某种适宜的刺激而形成特定的感觉。如视觉的适宜刺

激是波长为 780~380 nm 的可见光谱，听觉的适宜刺激是频率为 16~20000 Hz 的声波。感受性是人的感觉系统机能的基本指标。

表 1-1 各种感觉的适宜刺激和感受器的关系

类别	种类	适宜刺激	感受器
外部感觉	视觉	可见光波	视锥细胞和视杆细胞
	听觉	可听声波	耳朵耳蜗的毛细胞
	肤觉	机械性、温度性刺激物	迈斯纳氏触觉小体、巴西尼氏
	味觉	溶解于水、唾液和脂类的化学物质	味觉细胞
	嗅觉	有气味的气体物质	嗅细胞
内部感觉	平衡觉	头部运动的速率和方向	纤毛上皮细胞
	运动觉	骨骼肌运动、身体四肢位置状态	肌梭、肌腱和关节小体
	机体觉	内脏中的物体化学刺激物	内脏器官及组织深处的神经末梢

感受性是用感觉阈限的大小来度量的。感觉阈限是测量人的感觉系统感受性大小的指标，是用刚好能够引起感觉或差别感觉的刺激量的大小来表示的。感觉阈限分为绝对感觉阈限和差别感觉阈限两类。那种刚刚能够引起感觉的最小刺激量，叫绝对感觉阈限。绝对感受性是指能够觉察出最小刺激量的能力。绝对感觉阈限越小（引起感觉所需的刺激越弱），则表明绝对感受性越大；绝对感觉阈限越大，则表明绝对感受性越小。两者在数量上呈反比关系。

当感觉产生后，刺激数量的变化并不一定都能引起感觉上的变化，只有刺激量变化达到一定数量，才能使人感到差别。能够引起差别感觉的刺激物的最小变化量，称为差别感觉阈限。对差别阈限的感觉能力，称为差别感受性。差别感觉阈限和差别感受性之间也呈反比关系。

4. 感觉的规律

一是感觉适应。感觉适应是由于刺激物对感受器的持续作用而使感受性发生变化的现象。在一般情况下，感受器如果受到强烈刺激的持续作用，感受性会降低；反之，受到微弱刺激的持续作用，感受性会提高。各种感觉中，视觉、嗅觉、味觉和肤觉的适应较为明显，而听觉的适应不明显，痛觉的适应则较难。

二是感觉对比。感觉对比是同一感受器接受不同的刺激而使感受性发生变化的现象。主要表现为同时对比和继时对比两种。同时对比是指几个刺激物同时作用于一个感受器时产生的对比现象，如把灰色的物体放在黑色背景上，会感觉比放在白色的背景上亮。继时对比是指不同的刺激物先后作用于同一感受器时产生的对比现象，如吃过苦药后，再喝白开水，会觉得水有点甜。

三是感觉补偿。感觉补偿是指由于某种感觉缺失或机能不全，促进其他感觉的感受性提高，以取得弥补的作用。例如，盲人的听觉、触觉、嗅觉特别灵敏，以此来补偿其丧失了的视觉功能，这种补偿作用是由于其长期不懈地努力练习才获得的。

四是联觉。联觉是指一种感觉引起另外一种感觉的现象。并非所有人都能产生联觉。联觉的形式有很多，最突出的是颜色的联觉。色觉可以引起温度觉，如红色、橙色、黄色类似于太阳和火焰的颜色，给人以温暖的感觉；青色、蓝色、绿色类似于碧空、海水和森林的颜色，给人以凉爽的感觉。色觉还可以引起轻重觉，白色等一些浅色易使人联想到白云、羽毛等轻物质；黑色及深色易使人联想到钢铁、煤炭等重物。浅色的重物，会使人感到轻；深色的重物，会使人感到重。同时，红色、橙色、黄色等暖色给人以向前扩张的感觉，使人有接近感；而青色、蓝色、绿色等冷色具有深远感，给人以向后退去的距离感。

（二）知觉

1. 知觉的含义

知觉是人脑对直接作用于感觉器官的客观事物的各个部分和属性的整体的反映。知觉是在感觉的基础上产生的，它是对感觉信息整合后的反映。通过知觉，我们对事物有一个完整的映象，从而知道它“是什么”。

感觉与知觉有区别也有联系。感觉和知觉都是当前客观事物在人脑中的反映，都是对客观事物表面现象和外部联系的反映，同属感性认识，这是它们的共同点。它们的区别是，两者对事物反映的范围、程度和水平不同。感觉反映的是事物的个别属性，知觉反映的则是事物的整体属性。感觉的产生更多的是由事物的性质决定，知觉则在很大程度上依赖于主体的知识经验和态度系统。在实际生活中，两者又是紧密联系而存在的。一方面，感觉是知觉的有机组成部分，没有反映事物个别属性的感觉，就不会有反映事物整体的知觉；另一方面，事物的个别属性又离不开事物的整体，脱离知觉的单独感觉也很少存在，它往往作为知觉的组成部分存在于知觉之中。因此，通常我们把感觉和知觉简称为感知。

感知觉是人的认识活动的低级阶段，但它是个体认识客观世界的开端，同时也是产生各种复杂的心理活动的基础。

2. 知觉的分类

根据知觉的对象，可以把知觉分为对物的知觉和对人的知觉。

对物的知觉。以物质和物质现象为知觉对象的知觉，称为对物的知觉。对物的知觉包括空间知觉、时间知觉和运动知觉。空间知觉是指对事物空间特性的知觉，如物体的形状、大小、距离、方位等。时间知觉是对客观对象的延续性和顺序性的知觉，如年、月、日、分、秒和先后等。运动知觉是对物体运动特性的知觉，如在灭火救援时，对燃烧的高空物体可能坠落速度的判断，就是典型的运动知觉。

对人的知觉。以人为对象的知觉，称为对人的知觉。对人的知觉通常分为对他人的知觉、人际知觉、角色知觉和自我知觉。对他人的知觉是指通过对他人的外部特征的观察而形成的对他人的完整印象。人际知觉即对人与人之间关系的知觉，包括对自己与他人关系的知觉，他人与他人关系的知觉等。角色知觉即根据他人表现出来的各种行为，对其地位、身份及其所担当的角色的知觉。自我知觉即把自己作为知觉对象，对自己的生理和心理变化、自己在社会生活中的地位和作用等的知觉。

3. 知觉的基本特征

一是整体性。知觉的整体性是指人根据自己的知识经验把直接作用于感官的客观事物的多种属性整合为统一整体的组织加工的过程。知觉是在感觉的基础上形成的。知觉的对象是由许多部分组成的，但是知觉并不是感觉的简单综合。人们也不把知觉的对象感知为个别孤立部分，而总是以自己过去的经验来补充当时的感觉，把知觉作为一个统一的整体。

二是选择性。知觉的选择性是指人根据当前的需要，对外来刺激物有选择地作为知觉对象进行组织加工的过程。知觉选择性的特点启示我们要从多角度看问题，克服思维定式，也要乐于采纳他人意见建议，只有这样才能提高工作效率。

三是理解性。知觉的理解性是指人在感知当前事物和现象时，总是根据以往所获得的知识经验来理解它们，并能用语词表达出来。一名业务技能过硬的教员在指导学员训练时，不仅能准确地说出训练动作的名称，而且能指出学员动作中的优点和缺点，这就是知觉理解性的表现。

四是恒常性。知觉的恒常性是指人能在一定范围内不随知觉条件的改变而保持对客观事物相对稳定性的组织加工的过程。如距离远近和角度存在不同，天安门的视成像大小各有不同，而人们总是按它的实际高度和形状来知觉它。这是人类适应周围环境的一种重要能力，是人类认识世界的需要，也是人类长期实践活动的结果。

4. 错觉

错觉是指人在特定条件下对客观事物必然产生的某种有固定倾向的受到歪曲的知觉。错觉不同于幻觉，它是在客观事物的刺激作用下产生的对刺激的主观歪曲的知觉。错觉是知觉的一种特殊形式，是对外界事物不正确的知觉。错觉的种类很多，常见的有大小错觉、形状和方向错觉、形重错觉、倾斜错觉、方位错觉和时间错觉等。其中大小错觉、形状和方向错觉有时统称为几何图形错觉。

大小错觉即人们对几何图形大小或线段长短的知觉，由于某种原因出现错误，如缪勒—莱耶错觉（箭形错觉），垂直水平错觉，多尔波也夫错觉等。

形状和方向错觉，如波根多夫错觉，冯特错觉，爱因斯坦错觉等。

形重错觉即用两手掂量两个质量相同但大小不同的物体，倾向于将体积大者知觉为较轻的现象，如“一斤棉花一斤铁，哪个更重”就是典型的例子。这是以视觉之“形”而影响到肌肉感觉之“重”的错觉。

倾斜错觉即飞行员在飞行过程中对飞机坡度与自身空间位置的错觉。如当飞机对着斜坡度云层飞行而飞行员又看不到地面标志时，因将云层误认为是水平方向而产生飞机与身体向一侧倾斜的错觉。

方位错觉，如在海上巡逻，海天一色，辨不清方向，有时会产生方位错觉。

时间错觉，如做有兴趣的事情，会感觉时间过得很快；做不感兴趣的事情，就会感觉时间过得很慢。

研究错觉，掌握错觉的成因在消防救援工作有效性方面具有重要的理论和现实意义。一是有助于消除错觉对消防救援实践活动的不利影响。二是可以利用错觉，为己所用，如研究运动错觉，掌握动景运动的规律，就可以从连续呈现的静止图片中获得清晰的动景。三是启示我们在工作时要以事实为依据，广泛开展调查，透过现象看本质，不被假象所迷惑。

（三）消防救援人员观察能力的培养

1. 观察与观察力

观察是一种有目的、有计划的知觉，它与积极的思维相联系，也称为“思维的知觉”。在观察的时候，观察者预先提出一定的目的，确定观察的任务和计划，按计划仔细观察知觉对象，发现和提出问题，寻找问题的答案。例如，我们要把握消防救援人员的思想动态，就要对他们的生活、学习、工作态度和特点做全面的观察。观察不是一次性的知觉，而是系统的、较长时间的知觉。

观察力就是观察的能力。观察力最重要的品质就是能从平常的观察中发现不平常的东西，从表面好像无关的事物中找出相似点或因果关系。它是智力结构的一个因素，是以知识作为基础并在实践中提高的。观察力影响着心理活动的结构和内容，是消防救援人员完成执勤、处置突发事件等任务必不可少的心理品质。

2. 在实践中培养锻炼消防救援人员的观察力

一是要有明确的观察目的和任务。目的明确，任务具体，才能把注意力组织起来，指向一定方向。在实践活动中，要给消防救援人员指明观察的对象、要求、步骤和方法，以加强观察的计划性和预见性。

二是要有丰富的知识。任何良好的观察力都要以丰富的知识作为基础。观察者所具有的知识越丰富，对有关事物的观察就会越深入，越精细。正如俗话所说：“谁知道的最多，谁就看到的最多。”消防救援人员要通过认真学习各种知识来增加自己的知识储备，为提高自己的观察力奠定坚实的基础。

三是观察要有系统性。观察必须在计划指导下，有系统地按照一定的顺序去进行，而随意浏览只会得到杂乱无章的印象。

四是要做好观察结果的整理和总结。在随时做好观察记录的基础上，分析观察材料，写出观察报告，通过认真总结，不断提高观察水平。

二、记忆及消防救援人员记忆力的培养

（一）记忆

1. 记忆的含义和分类

记忆是在头脑中积累和保存个体经验的心理过程，运用信息加工的术语讲，就是人脑对外界输入的信息进行编码、存储和提取的过程。人们在生活实践中，感知过的事物，思考过

的问题，学习过的知识、技能，体验过的情绪、情感，采取过的行动等，都会在头脑中留下不同程度的印象，其中有一部分作为经验在人脑中保持相当的时间，上述经历作为印象在一定条件下还能够在头脑中恢复，这就是记忆。例如，亲历习近平总书记授旗训词的消防救援人员，即使过去了很长时间，当时的情景仍然历历在目，回想起来常常激动万分。

记忆在人的心理活动和实践活动中具有十分重要的作用。有了记忆，人们才能够在以往反映的基础上进行当前的反映，使人的心理活动成为前后连贯、统一的发展过程。有了记忆，人们才能积累知识经验，促使人的智力不断发展，进而促进人类科学的进步和发展。

根据记忆内容的不同，可以把记忆分为形象记忆、动作记忆、语义记忆和情绪记忆。

一是形象记忆，即以感知过的事物形象为主要内容的记忆。如对救援场景细节的记忆。

二是动作记忆，即以做过的动作或运动为内容的记忆。如对体育动作的记忆。

三是语义记忆，即以概念、公式、法规制度等为内容的记忆，又称为语词逻辑记忆。如对条令条例的记忆。

四是情绪记忆，即以体验过的情绪或情感为内容的记忆。如对第一次穿上消防制服时那种愉快的心情久久难忘。

根据在记忆过程中从信息输入到提取所经过的时间间隔的长短，可以把记忆分为瞬时记忆、短时记忆和长时记忆。

一是瞬时记忆，即在感觉停止后，瞬间即逝的记忆，也叫感觉记忆。瞬时记忆的保持时间一般不超过 1~2 s。瞬时记忆具有鲜明的形象性，在瞬时记忆中识记的材料如果没有引起注意，便会很快消失，反之如果受到注意就转为短时记忆。

二是短时记忆。短时记忆的信息在头脑中贮存的时间比瞬时记忆的时间长一些，但一般不超过 1 min。例如，打电话前查号码，记住了一个 8 位数，可是刚拨完就忘了。如果对短时记忆进行不断强化，短时记忆就可能转为长时记忆。

三是长时记忆。信息在记忆中贮存超过 1 min，包括几天、几个月、几年，甚至更长的时间，都叫长时记忆。长时记忆一般是对短时记忆的信息进行反复加工或编码而成。信息一旦转入长时记忆，就相对持久地被贮存起来。

2. 记忆的基本过程

记忆过程分为识记、保持或遗忘、再认与回忆三个阶段。只有分析记忆过程，才能掌握其发展规律。

一是识记。识记就是识别并记住事物，即通过反复感知形成巩固的映象，并积累知识经验的过程。它是记忆的开端，是保持的必要前提。要提高记忆效率，首先要有良好的识记。根据识记时是否有预定的目的和任务，可以把识记分为无意识记和有意识记。无意识记是没有预定目的，也无须运用任何方法和意志努力的识记。无意识记具有很大的选择性，人们大量的生活与工作经验、某些行为方式都是通过无意识记积累起来的。有意识记指有明确的记忆目的，采用了相应的方法，并付出一定意志努力的识记。学习消防救援条令条例等应知应会的内容都需要有意识记。根据识记材料有无意义或识记者是否理解其意义，可以把识记分为机械识记和意义识记。机械识记是在识记者对事物没有理解的情况下，依据事物的外部联系，采用多次重复的方法进行的识记，即通常所说的“死记硬背”。意义识记是在充分理解材料内容的基础上，按照材料的内在联系，运用有关的经验进行的识记。一般来说，意义识记的效果优于机械识记。

二是保持或遗忘。保持是人们通过识记所获得的知识经验在大脑中的保留和贮存。它在记忆过程中有重要作用，没有保持也就没有记忆。保持是一个动态过程，经验在记忆中的保持是发展变化的。保持的反面就是遗忘。遗忘是指我们识记过的事物，不能再认和回忆，或者错误的再认和回忆。遗忘可分为永久性遗忘和暂时性遗忘两类。永久性遗忘即不经重复学习，就永远不能再认和回忆；暂时性遗忘即有了适当的条件，记忆还可能恢复。遗忘的原因一方面是在头脑中保留的痕迹逐渐变弱或消失，另一方面是由于外界刺激或自身激情状态的干扰。此外，奥地利精神分析学家弗洛伊德认为遗忘与潜意识有关。德国心理学家艾宾浩斯对遗忘现象做了比较系统的研究。为了使学习和记忆少受旧有经验的影响，获得准确的遗忘率，他用无义音节作为学习、记忆的材料，用“再学习法”测量遗忘的进程。实验表明：在学习材料刚刚记得 1 min 后，重新学习时，可节省诵读时间 58.2%，在第一天终了时，节省诵读时间 33.7%，第 6 天以后就缓慢下降到 25%左右。艾宾浩斯依据这个材料绘制成一个遗忘曲线，如图 1-1 所示。由此得出遗忘的规律为遗忘的速度先快后慢，遗忘的数量先多后少。

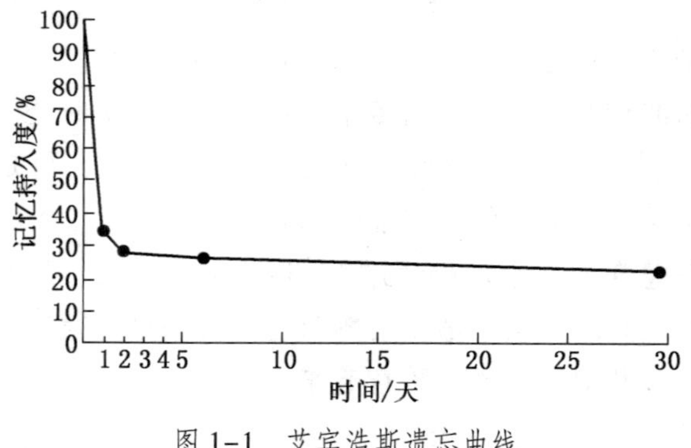

图 1-1　艾宾浩斯遗忘曲线

三是再认与回忆。再认是指经历过的事物再度出现在识记者眼前时能够把它辨认出来的过程。回忆（再现）是指经历过的事物不在眼前时，识记者仍然能够把它重新回想起来的过程。回忆是比再认更为复杂的一种恢复经验的形式。一般而言，再认比回忆简单。能回忆的，一般都能再认，能再认的，不一定都能回忆。对于教育训练中必须掌握的重要材料，不能只停留在能够再认，而应达到能够回忆的程度。

（二）消防救援人员记忆力的培养

一个人记忆力的好坏，并不是完全天生的，良好的记忆力可以在后天的教育、训练、培养中获得。

1. 明确记忆的具体目的和任务

在日常生活中，很多住楼房的人都说不准自己每天上下的楼梯有多少级，而住在楼上的盲人，却能准确说出。因为前者没有记忆楼梯级数的目的和需要，而后者则相反。这说明目的明确，记忆才有效果。同样，在学习、训练中，只有明确记忆的具体目的和任务，明确需要记住的内容及记到什么程度，才能增强对相应事物的记忆力。

2. 培养浓厚的记忆兴趣

兴趣是一种特殊的认识倾向，能使人对感兴趣的事物给予充分注意和优先探索。因此，兴趣能促进人们的记忆。培养消防救援人员浓厚的职业兴趣，促进消防救援人员的记忆，有助于其更好地完成消防救援任务。

3. 集中注意力

注意是心理活动对一定对象的指向和集中。一个不会很好地组织自己注意的人，就不会有良好的记忆力。实践证明，只有排除各种干扰，集中注意力，改正工作和学习中的"漫不经心"，才能有效地增强记忆力。

4. 采用科学的记忆方法

提高记忆力，要讲究科学的方法。方法得当，才能收到事半功倍的效果。具体而言，可采用以下四个记忆方法。一是组织材料记忆法，即把零散、众多的材料进行有规律地重新加工，以便记忆。例如，写要点、排顺序、编顺口溜等。二是系统记忆法，即把学过的知识分门别类地加以整理，使之系统化。任何一门学科都是由许多特殊的概念、规律组成的知识系统，都有其严密的逻辑结构。因而采用系统化的学习，有利于增强记忆效果。三是联想记忆法，即把所要记忆的内容与自己所熟悉的事物建立起相应的联系，以达到触类旁通、增加记忆容量的效果。四是多感官记忆法，即在记忆时眼到、耳到、手到、嘴到，尽可能将多种感官运用到记忆中来。实践证明，多感官协同记忆的效果要比单一感官记忆的效果好。科学的记忆方法还有很多，重要的是要找到适合自己的可操作的方法并坚持运用，才能有好的效果。

5. 劳逸结合用脑

记忆是脑的功能。要发挥脑的积极作用，提高记忆力，在用脑时应做到有劳有逸，劳逸结合。另外，充足的睡眠和营养可以消除脑细胞疲劳，充分发挥大脑的潜力，保证大脑处于良好的机能状态，有助于记忆的保持，增强记忆效果。

三、思维及消防救援人员思维品质的培养

（一）思维

1. 思维的含义

思维是借助语言、表象或动作实现的、对客观事物概括的或间接的认识，是认识的高级形式。概括性和间接性是思维区别于感知觉的主要特征。思维的概括性是指思维所反映

的是一类事物的共同的本质特征和事物间的内在联系和规律。思维的间接性是指思维不是直接的，而是通过其他事物或已有的知识经验作为媒介来反映客观事物。正是由于思维具有概括性、间接性的特点，我们才可以认识那些没有直接作用于人的种种事物，揭露事物的本质特征和事物间的内在规律性，并能预见事物的发展变化进程。因此，思维的领域比感知觉的领域要广阔得多。在认识过程中，思维实现了从现象到本质，从感性到理性的转化，是体现人的智慧的主要标志。

2. 思维的分类

根据思维的水平和凭借对象的不同，可以把思维分为动作思维、形象思维、抽象思维。动作思维是指以实际动作作为支柱进行的思维，其特点是以实际操作来解决直观的、具体的问题。形象思维是指以直观形象和表象为支柱来解决问题的思维，其特点是具有形象性。抽象思维是指运用概念、判断、推理的形式来反映事物本质的思维，其特点是以概念为支柱进行，同语言和科学文化教育联系密切。抽象思维也叫逻辑思维，是人类特有的一种思维形式。

根据人们思维探索目标的方向不同，可以把思维分为聚合思维和发散思维。聚合思维，也叫求同思维，是指把问题所提供的各种信息聚合起来，得出一个共同的正确答案的思维。发散思维，也叫求异思维，是指从一个目标出发，沿着各种不同途径去思考，以探求多种答案的思维。

3. 思维品质

良好的思维品质，是人们正确地认识事物并科学地实施决策的关键。一般来说，思维品质主要表现在以下五个方面。一是思维的深刻性，即在考虑问题的善于把握事物本质的思维品质，要求在进行思考时，善于从纷繁复杂的表象中发现本质的、核心的问题，并达到对事物的深刻理解。二是思维的广阔性，即全面地看问题的思维品质，要求不仅广泛地全面地思考问题，而且也不忽略重要细节和主要因素。同时，在不同的知识和实践领域内创造性地进行思考。三是思维的独立性，即善于独立思考问题的思维品质，要求在思维过程中有自己独立的见解，不轻信现成的结论并乐于独立自主地寻求解决问题的新途径。四是思维的逻辑性，即思考问题遵循逻辑规则，思维过程符合客观事物的逻辑顺序的思维品质，要求在提出问题或回答问题时清楚、明白，推理合乎逻辑规则，论证有条不紊，有理有据，有说服力，结论准确、鲜明。五是思维的灵活性，即善于在条件出现变化时，及时提出解决问题的新办法的思维品质。思维的灵活性同敏捷性有关，它要求迅速发现问题，做出反应，随机应变。

4. 创造性思维

创造性思维是一种以新颖独创的方法解决问题的思维过程。它不仅能揭示客观事物的本质和内部联系，还能产生新颖独创、具有社会意义的思维成果。创造性思维是人类思维的高级形式，是人类意识发展水平的标志。

创造性思维具有以下四个特点。一是新颖性。创造性思维要求打破惯常的解决问题的方式，将已有的知识经验进行改组或重建，创造出个体前所未有的或社会上前所未有的思维成果。这是创造性思维最本质的特点。二是发散性思维与聚合性思维相结合。创造性思维的活动过程是从发散思维到聚合思维，再从聚合思维到发散思维的多次循环，通过不断深化才得以完成。在创造性的活动中，发散思维的作用更明显。三是创造性想象的积极参与。创造性想象是头脑中对已有表象进行加工而创造出新形象的过程。创造性想象不仅能够提供事物的新形象，还可以使创造性思维成果具体化。诸如文艺作品中新形象的创造，科学研究中假说的提出，一切创造性活动都离不开创造性想象的参与。四是灵感状态。灵感状态是指人在创造性思维过程中，某种新形象、新概念、新思想突然产生的心理状态。它是人在注意力完全集中，意识清晰、敏锐，思维活动极为活跃的情况下，由于偶然因素的触发而突然出现的顿悟现象。

创造性思维有以下四个过程。一是准备期。在创造活动前，积累有关知识经验，收集有关资料和信息，为创造做准备。准备工作做得越充分，越有利于开阔思路，有利于发现和推测问题的成因，从而易于获得成果。二是酝酿期。在已积累的知识经验的基础上，对问题进行深入探索和思考。经过准备阶段，思考者不仅对某方面的知识经验有相当的基础，而且开始对问题和资料进行深入地探索和思考。在酝酿期，思考者可能在个人的意识中对该问题已不再有意去思考，但在不自觉的潜意识活动中对问题的思考可能仍然存在。在这个阶段，为了在脑中形成新事物的形象，往往必须借助于想象，特别是创造性想象。三是豁朗期。“豁朗”或叫“顿悟”，是指经过充分酝酿之后，新思想、新观念、新形象产生的时期，又叫灵感期。灵感的产生有时是突然的，甚至是戏剧性的，有时产生于半睡眠状态，有时产生于正从事的其他活动（如散步、钓鱼等）时。四是验证期。当获得问题解决的构思和假设之后，在理论上或实践上进行多次论证和反复修改，使其趋于完善的时期。在验证期间，推翻原假设，重新提出新假设的情况是经常发生的。任何创造性活动的成功都有可能是在多次失败中孕育出来的，因而在创造活动中，只有不怕失败，并善于找出失败原因的人，才有希望获得创造性活动的最终成功。

（二）消防救援人员思维品质的培养

1. 要有强烈的事业心和求知欲

一个人是否愿意动脑筋、是否乐于思考，是其思维、想象、创造力能否发展的首要条件。只有热爱消防救援事业、愿为消防救援队伍建设多做贡献的消防救援人员，才能紧密结合队伍的训练、灭火救灾、抢险救援等活动开动脑筋、不断思考、积极探索，从而促进思维、想象和创造力的发展。

2. 要积累感性认识和储备丰富的表象

感性认识和表象是进行思维和想象的“原材料”。消防救援人员只有在队伍的各项实践活动中不断积累经验，充实自己，在十分丰富和合乎实际的感性认识和表象的基础上，才能使自己的思维、想象、创造力不断发展。

3. 要发展语言能力

语言是思维的工具。语言能力的发展制约着人的思维、想象和创造力的发展。消防救援人员必须发展自己的语言能力，善于运用准确、清晰、系统和生动的语言表达自己的思想和情感，从而促进思维、想象力和创造力的发展。

4. 要进行思维和想象的训练

思维和想象属于智力技能，有着“模仿—熟练—创造”的过程，所以要反复练习、训练。如进行表象训练、自由联想与快速反应的训练，制定各种预案，完成想定作业、图上作业、现场作业等来提高消防救援人员的思维、想象力，鼓励消防救援人员发表不同意见，提出多样化方案，培养消防救援人员的创造力。

5. 要在队伍的实践活动中培养良好的思维品质

思维的品质是在解决问题的实践中形成的，它反过来又促进或影响问题的解决。因此，消防救援人员应在队伍的各项实践活动中培养良好的思维品质，进而促进队伍各项任务的完成。

四、注意及消防救援人员注意力的培养

（一）注意

1. 注意的含义

注意是心理活动或意识对一定对象的指向和集中。注意的指向性就是从众多的事物中选择出要反映的对象。注意的集中性是指把心理活动全神贯注地聚焦在所选择的对象上，它可使心理活动离开一切无关的事物，并且抑制多余的活动。在消防救援训练过程中，消防救援人员专心致志地听教员讲解要领，聚精会神地进行训练，其中的“专心致志”“聚精会神”就是注意。

注意本身并非一种独立的心理过程，而是伴随着各种心理活动的一种状态。当人们注意某一事物时，也就是人们感知、记忆、想象、思考着这一事物。不仅在人的认知过程中有注意，而且在人的情感体验和意志行动中也有注意。注意表现在人的全部心理活动之中，使心理活动处于一种积极的状态并具有一定的方向。可以说，离开了心理过程，注意也就不存在了。注意对于我们的学习、工作和训练都是必不可少的心理因素。

2. 注意的分类

注意有以下三种分类。一是无意注意（不随意注意），即没有预定目的，不需要意志努力就能维持的注意。如消防救援人员听到一声巨响产生的本能性探究反应。二是有意注意（随意注意），即有预先目的，需要付出一定意志努力才能维持的注意。如灭火时消防救援人员精力的高度集中。三是有意后注意（随意后注意），即一种既有目的又无须意志努力的注意。有意后注意一般是在有意注意的基础上发展起来的。开始是有意注意，通过努力地学习，既熟悉了学习的对象，又有了兴趣，这时即使不花费多大的意志努力，学习也能继续维持下去。

3. 注意的外部表现

不管是哪种注意，当其发生时，一般都伴随一定的外部表现。一是有适应性动作。如专心致志听课的消防救援人员身体会自然向前微倾；全神贯注、聚精会神思考的消防救援人员会自然地凝眉。二是无关动作休止。当人在高度集中注意时，其与活动无关的外部动作会暂时停止。三是呼吸活动变化。当人在集中注意时，呼吸变得轻微而缓慢，呼与吸的时间比例也会发生变化，一般是呼短吸长；当人的注意力高度集中时，甚至会出现呼吸暂时停止的状态，即所谓“屏息”现象。此外，在注意紧张时还会出现心跳加速，牙关紧闭，紧握拳头等现象。

4. 注意的特征

注意有四种特征。一是注意的广度，即在同一时间内注意所把握的对象数量。研究表明，成人在1/10 s内一般能注意4~6个毫无联系的孤立对象。二是注意的稳定性，即在较长时间内把注意保持在某一对象或某一活动上。注意的稳定性是注意在时间上的特征，可以用某一时间范围内工作效率的变化来表示。注意集中时间长，稳定性就好；反之，稳定性就差。三是注意的分配，即在同一时间内把注意指向于不同对象。所谓“眼观六路，耳听八方”就是对注意分配的形象说法。四是注意的转移，即根据新的任务，有意识、有计划地把注意从一个对象转移到另一个对象。它与注意的分散是根本不同的，前者是有意地主动根据任务的变化和需要，把注意从一个对象转向另一个对象，而后者是在任务未变化还需要注意稳定的时候，不自觉地改变了注意的对象。

（二）消防救援人员注意力的培养

1. 明确目的和任务，增强责任感

这是进行有意注意的心理动因。比如，在政治教育中，教育内容不可能不讲抽象道理，因此，必须强调以有意注意为主、无意注意为辅，从提高认识入手，引起消防救援人员的重视和注意。

2. 激发强烈的情绪体验

使消防救援人员感到彼此的思想感情是相通的，产生一种亲近感。这样，有感情的刺激物就会自然地引起消防救援人员更多的注意。

3. 增强广泛而稳定的兴趣以及与分心做斗争的意志力

从多种渠道培养消防救援人员对各个领域的广泛兴趣，吸引他们的注意并培养注意的稳定性。同时，有意注意与意志有密切的关系。必须经过意志努力，才能把心理活动指向和集中在暂时还不感兴趣的对象上。若是要保持稳定的注意，培养意志的自制力就更加重要，只有具备一定的自制力，消防救援人员才能成为自己注意的主人。

4. 在实践中强化注意品质

注意的范围可以通过经常地锻炼逐步扩大，注意的稳定可以在不断同分心做斗争的过程中增强，注意的分配和转移也可以在实践中培养，如听课时记笔记，能提高注意的稳定性；加强计划性和熟悉动作顺序，能提高注意的转移能力。

第二节　消防救援人员的情感过程

一、情绪和情感

情绪和情感是人类心理生活的一个重要方面，它伴随着认知过程而产生并对认知过程产生重大影响，它也是人对客观现实的一种反映形式。

（一）含义

情绪和情感是指人对客观事物的态度体验以及相应的行为反应。它反映着客观事物与人的需要之间的关系，是人的心理活动的一个重要方面。

人们在认识客观现实和改造世界的过程中，不但认识了周围的事物，而且对它们还产生了一定的态度，引起相应的体验。例如，当外界事物符合个人需要时，就会产生积极的态度，引起满意、高兴、愉快的情感体验；当不符合时，就会产生失望、怀疑、厌恶等不愉快的情感体验。因此，情绪和情感反映的不是客观事物本身，而是客观事物与人的需要之间的关系。

人的情绪和情感具有两极性的特点，积极的情绪和情感是人的实践活动的动力，能促进人的身心健康发展；而消极的情绪和情感则是人的实践活动的阻力，同时还会危害人的身心健康。

情绪和情感虽然都是人对客观事物所持的态度和体验，但二者既有区别又有联系。它们的区别有以下三点。一是情绪主要是由吃、住、穿、性等自然性需要是否得到满足而引起的；情感主要是由劳动、交往、学习等社会性需要是否得到满足而产生的。二是情绪带有明显的情境性，一般不太稳定，常随情境改变而改变；而情感则既具有情境性，又具有稳定性和长期性。三是情绪带有更多的冲动性和外显性，外部表现明显。如面部和体态的变化、言语声调的变化、内脏器官活动的变化，容易观察；而情感有较大的稳定性和深刻性，含蓄、深沉，外部表现不明显，不易察觉。它们的联系有以下两个方面。一方面，情绪依赖于情感。情绪的变化，一般要受到已形成的情感的制约。另一方面，情感也依赖于情绪。人的情感不仅是在大量的情绪经验基础上形成和发展起来的，而且也是通过情绪表现出来的。因此，从某种意义上说，情绪是情感的基础和外在表现形式，情感是情绪的发展和内在本质内容。

（二）分类

1. 情绪的分类

情绪的表现形式是多种多样的，根据情绪发生的强度、持续时间的长短和紧张度，可把情绪分为心境、激情、应激这三种基本状态。

心境是指人比较平静而持久的情绪状态。心情舒畅、郁郁寡欢或闷闷不乐都是有关心境的描述。心境具有弥散性，消防救援人员的某种心境一经产生，就会扩散和蔓延到对其他事物的态度上去，使一切体验都感染上同样的情绪色彩。心境对消防救援人员的生活、工作、学习、健康有很大的影响。积极向上、乐观的心境，可以提高认知活动效率，增强消防救援人员的信心，使其对未来充满希望，有益于健康；消极悲观的心境，会降低认知活动效率，使消防救援人员丧失信心和希望并且经常处于焦虑状态，有损于健康。消防救援人员的世界观、理想和信念决定着其心境的基本倾向，对其心境有着重要的调节作用。

激情是一种强烈的、爆发性的、为时短促的情绪状态。这种情绪状态通常是由对个人有重大意义的事件引起的。重大成功之后的狂喜、惨遭失败后的绝望、亲人突然死亡引起的极度悲哀、突如其来的危险所带来的异常恐惧等，都是激情状态。激情状态往往伴随着生理变化和明显的外部行为表现，如愤怒时拍案而起、暴跳如雷；惊恐时瞠目结舌、呆若木鸡；狂喜时手舞足蹈；绝望时痛心疾首等。在激情状态下，消防救援人员往往出现“意识狭窄”现象，即认知活动范围缩小，理智分析能力受到抑制，自我控制能力减弱，进而使消防救援人员的行为失去控制，容易做出不理智的行为。

应激是指出乎意料的紧张与危急情况下所引起的高度紧张的情绪状态，是人对意外的环境刺激做出的适应性反应。它具有偶发性和紧张性的特点，是个体在突如其来的或十分危险的条件下，在迅速地、来不及加以选择的情况下做出的反应。人在应激状态下，会引起机体的一系列生物性反应，如肌肉紧张度、血压、心率、呼吸以及腺体活动都会出现明显的变化。这些变化有助于适应急剧变化的环境刺激，维护机体功能的完整性。消防救援人员在应激状态下通常有两种表现。一种是活动受到抑制或完全紊乱，甚至可能发生感知和记忆的障碍。突如其来的刺激可能使消防救援人员做出不恰当的反应，如惊恐发呆、身体僵直或突然晕倒、号叫、手足失措等。另一种是多数消防救援人员在一般的应激状态下所表现出来的情绪状态，即能调动各种潜力，使心理活动兴奋起来，以应付紧张的情况。这时，消防救援人员的思维特别清晰、明确，行动有力。由于应激状态伴随着有机体全身性能量的消耗，因此长时间处于应激状态会导致体能的透支，生物化学保护机制遭到破坏，免疫力下降，机体会被其自身的防御力量所损害，结果可能会导致适应性疾病的产生。

2. 情感的分类

情感按其性质和内容主要分为道德感、理智感和美感。

道德感是指人们根据一定的社会道德行为标准，在评价自己或他人的行为举止、思想言论和意图时产生的一种情感体验。在社会生活中，当人们把社会倡导的道德行为准则内化为一种道德信念后，就会运用它去评价自己或他人的言行，如果主体认为某种言行符合社会倡导的和自我认同的道德规范的要求，就会产生肯定的道德情感体验，对他人的言行表示出赞赏；反之，则产生否定的道德情感体验，表示出反对或蔑视。由于不同的社会制度下、不同的社会历史时期所提倡的道德观念不同，道德感具有社会性、时代性、阶级性等特征。良好的道德情感，如爱国主义情感、集体主义情感、使命感、责任感，是消防救援人员完成灭火救灾、抢险救援等各项任务应当具备的重要心理品质。

理智感是在智力活动过程中，在认识和评价事物时所产生的情感体验。理智感主要与人们探索真理、追求真理的智力活动相联系。在认识事物或进行科学研究的过程中，人们对新的、未曾认识的事物表现出来的强烈的求知欲和好奇心，对于矛盾着的事物而产生的怀疑感、对于复杂的现象由于解释不透而产生的不安感，以及经过努力探究思考，有了新发现时的惊奇感和喜悦感等都属于理智感。理智感是促使消防救援人员认识并改造世界的一种稳定的恒久动力，是衡量消防救援人员情感成熟与否的重要指标。

美感是根据一定的审美标准评价事物时所产生的情感体验。美感和人们的感知觉有着直接的联系，它能带给人们精神享受。优美的自然风光、和谐的社会环境、高雅的艺术作品，都会激发消防救援人员的美感。而消防救援人员端庄的仪表、飒爽的英姿、雄健的步伐，则是消防救援队伍特有的一道风景线。

二、消防救援人员情绪管理和积极情感的培养

积极的情绪、情感对消防救援人员的工作起促进作用，消极的情绪、情感则有阻碍作用。要使消防救援人员以良好的精神状态投入工作，就必须帮助他们培养积极健康的情感，掌握调节和控制情绪的有效方法。

（一）树立正确的世界观、人生观，增强法纪观念

情绪、情感是个体对客观事物的一种内心感受和主观体验。人们由于各自的世界观、人生观的不同，对同一事物也可能会有不同的体验，因而也就会产生不同的情绪、情感。比如，具有正确的世界观和人生观的消防救援人员，在艰难困苦面前就能做到不怕苦累，情绪高昂，努力工作；面对腐朽生活方式侵蚀时，能坚决抵制。

因此，要控制和调节情绪、情感，进行人生观教育是培养与调控消防救援人员良好情感的根本途径和方法。要加强学习，提高认识，积极培养消防救援人员正确的世界观和人生观。只有这样，消防救援人员才能正确地认识自己，实事求是地看待周围的一切，正确处理好个人与实际生活的矛盾冲突，减少消极紧张状态的发生。

此外，对消极情绪、情感的控制，很大程度上还依赖于人的道德法纪观念。实践证明，一个道德法纪观念强的人，即使受到强烈的刺激，也能控制住自己的情绪冲动，防止激情的发生；即使激情发生，也能控制在道德许可的范围内，不至于发生严重后果。可见，不断加强消防救援人员对道德法纪的学习和运用，是控制与调节情绪、情感的基础。

（二）培养良好的情感品质

从情感的倾向看，要引导消防救援人员的情感方向与队伍任务、建设方向相一致。从情感的广度看，主要是发展消防救援人员的道德感、理智感和美感。例如，在灭火救灾活动中的革命乐观主义和革命英雄主义；热爱人民，忠于职守；服从命令，听从指挥；不畏艰险，勇于献身等坚定的品质。从情感的深度看，要引导消防救援人员对产生情感的客观事物有正确而深刻的认识，使情感具有思想内容。例如，只有深刻了解消防救援队伍的光

荣历史和消防救援队伍的性质、宗旨，才会使消防救援人员加深对消防救援队伍的热爱；只有深刻了解我国的国情，才会激发消防救援人员矢志报国的感情；只有认真进行党对消防救援队伍的绝对领导的教育，才能使广大消防救援人员一心向着党，永远跟党走。

（三）掌握自我调节情绪的方法

1. 需要引导法

消防救援人员产生什么样的情绪、情感，一般是由需要的满足与否决定的。当需要得到满足时，一般会产生积极的、肯定的情绪、情感体验；当需要未得到满足时，一般会产生消极的、否定的情绪、情感体验。在日常工作中，我们必须注意了解和掌握消防救援人员的需要，对他们的需要进行认真的研究，明白哪些是合理的，应当给予满足；哪些是不合理的，要进行正确的教育和引导。只要我们对消防救援人员的心理需要予以高度的重视，并不时进行行之有效的调节，就能够使消防救援人员的情绪长时间保持在良好状态。

2. 强身健体法

现代科学研究表明，情绪与身体健康的关系是非常密切的。愉快乐观的情绪可以增强人的抵抗力，促进人的身体健康。反过来，人的身体健康的好坏又影响着人的情绪。身体健康的人，常常心情开朗，精神饱满，能够长时间保持良好的心境，不易受到消极情绪的干扰影响；而疾病缠身的人，则多抑郁、苦恼、烦躁、焦虑，较易受消极情绪的影响，往往心境不好。强身健体可使消防救援人员有一个强健的体魄，有助于培养其积极健康的情绪。

3. 注意转移法

消防救援人员的情绪、情感活动是和注意有密切关系的。当消防救援人员产生某种情绪时，他的心理活动一定指向和集中于某种事物。只要找到诱发消防救援人员消极情绪的焦点，并设法创造一定的情境，在他的大脑里形成一个新的兴奋点，就能够通过注意的成功转移而消除救援人员心中的不良情绪。

4. 疏导宣泄法

消防救援人员心中的不良情绪，如果不能及时被排除，在一定的情境作用下可能会发生急剧膨胀，酿成严重的事故案件。对于消防救援人员心中的不良情绪，一定要想办法将其及时排除。通过一定的渠道和方式把消防救援人员心中压抑的不良情绪释放出来的方法就是疏导宣泄法。如遭受委屈的消防救援人员想哭时就引导他痛哭一场，有情绪想发“牢骚”的就要像“竹筒倒豆子”，让他倾诉个干净痛快等。实践证明，拳击、在操场上狂跑等都是有效宣泄消极情绪的渠道。

5. 暗示调节法

暗示调节法是指在一定条件下，用含蓄的、间接的方式，对消防救援人员的情绪进行有效的影响的一种方法。暗示多采取言语的形式，但也可用行为、手势、表情或其他暗号来进行。一般地，就暗示的主体来分，可以把暗示分为他暗示和自我暗示两种。他暗示是指通过主体以外的人的言语行为和工作方式对消防救援人员的情绪进行的影响作用。如教员在个人生活中遭受巨大不幸时能化悲痛为力量，以满腔的热情完成好工作任务，消防救援人员就会受到莫大的鼓励，这就是一种他暗示。自我暗示则是指消防救援人员通过自己的语言提示等调节自己情绪的一种方法。如初次上夜哨感到紧张、恐惧时，在心中默念“我能行”等来增强信心，克服紧张等。

第三节　消防救援人员的意志过程

一、意志

（一）含义

意志是自觉地确定目的，调节行动，克服困难，以实现预定目的的心理过程。人不但要认识世界，还要改造世界。而要改造世界，在行动之前，必须先在头脑里确定行动的目的，拟定行动的计划；在实施过程中，还必须去克服种种困难，以确保目的的最终实现，这一心理过程就是意志过程。因此，意志是实现人的内部意识向外部动作转化的心理过程，它是在实际行动中表现出来的，是人的意识能动性的集中表现。

意志对行动的调节作用表现在两个方面。一是发动，即推动人们达到预定目的所必需的行动；二是抑制，即制止人们采取不符合规定目的的行动。意志对行动的发动和抑制作用的力量源泉是对目的的深刻认识和体会。

（二）意志行动的基本特征

意志行动和一般行动相比，具有以下三个特征。

1. 意志行动是自觉地确定目的的行动

自觉地确定目的是意志行动的首要特征。人在行动之前，就把所要取得的结果作为预先目的，并以预定目的来指导自己的行动。

当然，人的活动目的不是主观任意决定的，而是受到客观规律的制约。活动目的能否实现，要看人的目的以及行动是否符合客观规律，如果符合则目的可以实现，反之，则难以实现。

2. 意志行动是与克服困难相联系的行动

意志行动虽是自觉地确定目的的行动，但并非一切有自觉目的性的行动都是意志行动，意志行动体现在克服困难之中。

困难一般可以分为两类。一类是内部困难，主要是指主体心理、生理方面的障碍，如心理方面表现为信心不足、情绪低沉、能力有限、知识欠缺，生理方面表现为身患疾病等。另一类是外部困难，主要是指来自社会和自然方面的障碍，如社会舆论的压力、他人的打击、环境条件恶劣、自然灾害侵袭等。在意志行动中克服困难的性质和难易程度是检验人的意志强弱的客观指标之一。

3. 意志行动是以随意动作为基础的行动

人的行动是由动作组成的。动作分为两类。一类是不随意动作，主要是指没有目的，不由自主的动作。另一类是随意动作，主要是指受到意识支配、调节，具有一定目的的动作。随意动作是意志行动的基础。人们正是通过一系列随意动作组成复杂的行动，从而实现预定目的。

意志行动的三个特征是互相联系的，确定目的是意志行动的前提，克服困难是意志行动的核心，随意动作是意志行动的基础。这三个特征有机统一起来，才能形成意志行动。

（三）意志行动的心理过程

意志行动的心理过程是指意志对行为的积极能动的调节过程。它有发生、发展和完成的历程。研究意志行动，主要是研究心理对行动的调节过程，即意志行动的心理过程。意志行动的心理过程由以下两个阶段组成。

1. 采取决定阶段

采取决定阶段是意志行动的开始阶段，它决定意志行动的方向，规定意志行动的轨道。这个阶段由两个部分组成。

动机斗争和目的的确定。意志行动是有目的的行动，而目的是由动机决定的。动机是由外界压力、目标引力、内部动力等多种因素决定的。意志行动开始之前，可能产生多种动机，如果动机之间产生矛盾，就会出现动机斗争。只有动机矛盾得到解决，确立了主导性动机，人的行动目的才能确定。

行动方式的选择和行动计划的制定。要实现既定的目的，就要选择合理的行动方式和科学的行动计划。这就必须依据行动目的，尊重客观规律，权衡利弊，精心规划。只有这样才能选择出最佳的行动方式，制定出最优的行动计划。

2. 执行决定阶段

执行决定阶段是意志行动的完成阶段，是意识作用的升华和主观见之于客观的阶段。它是意志行动的中心环节，是整个意志行动的关键阶段。这是因为，再大的雄心壮志，再好的宏伟蓝图，如果不付诸实际行动也不能把它变成现实，而只是纸上谈兵，这实际是意志薄弱的表现。在这一阶段，需要克服来自内部和外部的种种困难，才能确保意志行动目的的最终实现。

（四）意志品质

人的意志力的强弱是不同的。构成人的意志的某些比较稳定的方面，就是人的意志品质，主要包括独立性、果断性、坚韧性、自制性、自觉性、勇敢精神等。具备良好的意志品质是衡量消防救援人员全面素质的一个重要标准。

1. 独立性

意志的独立性是指一个人不屈服于周遭环境的压力，不随波逐流，而能根据自己的认识与信念，独立地采取决定，执行决定。独立性不同于武断。武断表现为置周围人们的意见于不顾，一意孤行。独立性是和理智的分析吸收周围人们的合理意见相联系的。

受暗示性与独立性相反，是一种不好的意志品质。受暗示性表现为一个人很容易接受别人的影响。拥有这类特质的人，他们的行动不是从自己的认识和信念出发，而是为别人的言行所左右，人云亦云，没有主见。他们没有明确的行动方向，也缺乏坚定的信心与决心。

2. 果断性

果断性是指一个人善于明辨是非，适时采取决定并坚决地执行决定的意志品质。例如，董存瑞舍身炸碉堡，就是意志果断性的表现。意志的果断性有两个基本特征。一是以深思熟虑和勇敢为前提。没有对事物的深刻认识，便不能明辨是非；没有敢想敢干的作风，便不能当机立断。二是迅速果敢和机动灵活相结合。一个意志果断的人，需要立即行动时，能够当机立断，毫不犹豫地做出决策。在执行决策时，哪怕是生命安全受到威胁，也能镇定自若，视死如归。在情况变化时，又能灵活地改变其既定方针，停止原来的行动，采取新的措施。与果断性相反的意志品质是寡断性，其主要特征是思想、情感分散，动机斗争不停；在需要采取决定时，不能当机立断，顾虑重重，踌躇不前；到了紧急关头，只好不假思索，仓促决定。

3. 坚韧性

坚韧性是指一个人保持充沛的精力和坚韧的毅力，坚持不懈地行动，以实现预定目的的一种意志品质。坚韧性有两个基本特征。一是有充沛的精力和顽强的毅力。一个具有坚韧品质的人，不但能够紧张而热情地工作，而且能锲而不舍、善始善终地奋斗。二是经得起长时间的磨炼。具有坚韧品质的人，在行动中能顽强地克服各种困难，实现预定目的，即使遇到各种诱惑或干扰，也不为所动。与坚韧性相反的意志品质是软弱性和顽固性。软弱的人，遇到困难就退缩，干工作经常是虎头蛇尾，不能善始善终。而顽固性貌似坚定、顽强，其实是坚持错误的见解，对自己的行为不能理智正确地根据客观事实做出评价，一意孤行，最终也要在事实面前碰壁。

4. 自制性

自制性是指一个人在意志行动中，善于控制自己情绪，约束自己言行的一种意志品质。自制性有两个基本特征。一是高度的克制力和忍耐力。自制力强的人，当遇到突如其来或特别棘手的事情时，能够控制自己的情绪，冷静地分析情况，找出解决问题的办法。二是排除干扰和执行决定的能力。自制力强的人，不但情绪稳定，而且能排除来自内部和外部的各种干扰，坚决执行决定。与自制力相反的品质是任性。任性表现为放纵自己，不能约束自己的言行。任性的人在顺利的情况下为所欲为，在不顺利的情况下则容易冲动，控制不住自己的情绪和言行。

二、消防救援人员意志品质的培养和锻炼

消防救援任务是一种特殊的认识和实践活动，需要消防救援人员具有良好的意志品质。良好的意志品质并不是人们与生俱来的，它需要通过后天不懈地培养才能逐步形成和

完善。掌握正确、科学的培养方法，是造就消防救援人员特有意志品质的根本途径。实践证明，消防救援人员的意志品质是在消防救援训练以及队伍集体的生活方式影响下锻造出来的。

（一）树立科学世界观

科学世界观对提高人的认识水平和端正人生态度具有决定意义，而一个人的认识水平和人生态度是意志高度发展的必要前提和基础。困难是客观存在的，有一定的质和量。人们对困难的认识和估量却因认识水平和人生态度而异。悲观、消极的人，会视困难为畏途，困难的质和量在他们的心理上会被放大，表现出意志的薄弱；乐观、进取的人，会视困难为常事，把困难看成是难得的锻炼，表现出坚强的意志。可见，科学的世界观能够为消防救援人员正确地认识事物提供有效的指导，帮助他们更好地去面对现实中的各种困难。大多数青年消防救援人员正处在世界观形成的关键时期，若是能够抓住这一有利时机，及时帮助他们树立起一个科学的世界观，就会为他们将来克服人生道路上的重重困难打下一个坚实的基础。

（二）进行实践锻炼

"宝剑锋从磨砺出，梅花香自苦寒来。"坚强的意志不会天生就有，也不可能一蹴而就，需要有一个艰苦磨炼的过程。不论是在严格的消防救援训练中，还是在灭火救灾、抢险救援活动中，我们都必须有意识地磨炼广大消防救援人员不怕困难、不避艰险的顽强意志。只要坚持长期磨炼，就一定会铸就广大消防救援人员钢铁般的意志。模拟训练就是发展和完善消防救援人员意志品质的良好课堂。如楼层攀登、负重 5 km、化工灾害模拟训练等，都有利于增强消防救援人员的体魄、提高其业务技能、培养其毅力和顽强拼搏的作风。

（三）开展榜样教育

榜样的力量是无穷的，它可以激发消防救援人员奋发向上，迎头赶上的动机。在培养消防救援人员革命意志的工作中，要大力宣扬伟大人物、老一辈革命家、战斗英雄、科学家、劳动模范等先进人物的生动事迹。同时，要宣扬消防救援人员身边的典型，因为这样的典型与消防救援人员的距离小，心理障碍少，容易接受。指挥员也要以良好的意志行动来影响队员，在采取决定时，做深思熟虑、科学决断的楷模；在执行决定时，做坚定不移、勇往直前的表率。

（四）加强自我修养

提高意志水平的过程，是一个长期的磨炼过程，既有外力的影响，也离不开广大消防救援人员的自我修养。消防救援人员要对自己的意志水平作一个全面的、深入的剖析，明确优势和不足。在剖析时，可以与身边的队友作比较，把自己成功和失败的原因作一个全面的回顾和归纳，也可请他人帮助自己作进一步的分析和评价。在找出优势和不足的基础上，针对自己的特点，制定一个意志培养的计划，充分发挥自我监督、自我约束的作用，扬长避短。培养高尚健康的情感，以增强意志活动的力量。增加知识的储备，全面提高自身素质。全面过硬的素质会使人充满自信和智慧，表现出超人的意志和非凡的勇气。

习题

1. 什么是观察？怎样在实践中培养自己的观察能力？
2. 什么是思维？怎样才能提高自己的思维能力，培养创造力？
3. 什么是情绪、情感？如何调控自己的情绪？
4. 什么是意志？意志的基本品质有哪些？如何锻造自己的意志品质？

第二章　消防救援人员的个性心理

第一节　消防救援人员的个性倾向性

个性倾向性是人进行活动的基本动力，是个性结构中最活跃的因素。它决定着人对现实的态度，决定着人对认识活动对象的趋向和选择。个性倾向性主要包括需要、动机、兴趣、理想、信念和世界观。个性倾向性较少受生理因素的影响，主要是在后天的社会化过程中形成的。个性倾向性的各种成分并不是彼此孤立的，而是相互联系、相互影响和相互制约的。其中，需要是个性倾向性乃至整个个性积极性的源泉。只有在需要的推动下，个性才能形成和发展。动机、兴趣和信念等都是需要的表现形式。世界观居于最高层次，它制约着一个人的思想倾向性和整个心理面貌，是人们言论和行动的总动力和总动机。个性倾向性被认为是以人的需要为基础的动力系统。

一、需要

（一）含义

需要是有机体内部的一种不平衡状态，它表现在有机体对内部环境或外部生活条件的一种稳定的要求，并成为有机体活动的源泉。人为了求得个体和社会的生存与发展，必须要求掌握一定的事物，如食物、衣服、睡眠、劳动、交往等。这些要求反映在个体头脑中，就形成了他/她的需要。需要被认为是个体的一种内部状态，它反映了个体对内在环境和外部生活条件的较为稳定的要求。

需要是个体行为和心理活动的内部动力。需要与个人的活动密切相连，需要越强烈，由此引起的活动也就越有力，它是个体活动的动力。研究表明，有一些需要明显带有周期性的特征，比如饮食和睡眠等；而有一些需要满足后，又会产生新的需要，新的需要又推动人们去从事新的活动。需要是个体认识过程的内部动力。人们为了满足需要必须对有关事物进行观察和思考。需要调节和控制着个体认识过程的倾向。在个性中，需要是个性倾向性的基础，动机、理想、信念等都是需要的表现形式。

（二）分类

根据需要的起源，需要可分为生理性需要和社会性需要。生理性需要是个体为了维持生命和延续后代而产生的需要，如进食、饮水、睡眠、运动、排泄和性等需要。生理性需要是保护和维持机体生存和延续种族所必需的，并且带有明显的周期性。生理性需要是人类最原始、最基本的需要，是人和动物所共有的。但是人的生理性需要和动物的生理性需要有本质上的区别。人的生理性需要受社会生活条件所制约，具有社会性。社会性需要是人类在社会生活中形成的，为维护社会的存在和发展而产生的需要，如劳动、交往、友谊、求知、美和道德等需要。社会性需要是在生理性需要的基础上，在社会实践和教育影响下发展起来的。它是社会存在和发展的必要条件。

根据需要的对象，需要可分为物质需要和精神需要。物质需要是指与衣、食、住、行有关的物品的需要，如劳动工具、文化用品、科研仪器等需要。在物质需要中既包括生理性需要，又包括社会性需要。精神需要是指认知需要、审美需要、交往需要、道德需要和创造需要等。它是人类所特有的需要。随着社会进步和生产力的发展，人们的物质需要和精神需要都将不断地得到满足。

（三）马斯洛的“需要层次论”

关于需要的结构，在心理学界存在不同的理论观点，比较著名的有美国心理学家默里·亨利的需要理论和美国心理学家亚伯拉罕·马斯洛的需要层次理论等。其中马斯洛的理论影响最大。

1943 年，马斯洛在《人类动机理论》一文中提出了人类需要五层次理论。他认为可把人的需要概括为五个层次，即生理的需要、安全的需要、归属与爱的需要、尊重的需要和自我实现的需要，如图 2-1 所示。虽然马斯洛于 1954 年在人类需要五层次理论的基础上补充了认知需要和审美需要，形成了由低到高不同层级排列的需要系统，但是 1968 年，马斯洛又把七级需要层次归并为原来的五个层次。

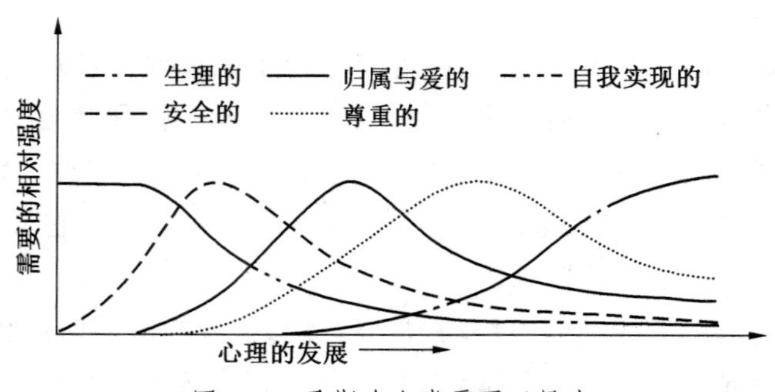

图 2-1　马斯洛人类需要五层次

这五个层次的需要，马斯洛认为并不是并列的，而是按层次逐级上升的。生理的需要与安全的需要是最基本的，当它们得到一定满足后，归属与爱的需要、尊重的需要以及自我实现的需要才能依次出现并得到满足。当然，这种满足是有限的，不是完全满足。

马斯洛还指出，各个需要层次的产生与个体发展密切相关。如婴儿的需要主要是生理的需要，而后产生安全的需要、归属与爱的需要，到青少年就产生尊重的需要等。但较低层次的需要不一定完全得到满足，才能产生高一层的需要，需要的演进是波浪式的。他还认为，上述五个层次的需要，在人的心理发展的不同阶段具有不同的地位。

这种理论受到了人们的重视，并在实际工作中得到了应用。一些研究也证明了，人类的各种需要之间确实存在着层次关系。但是马斯洛认为人的基本需要从低级到高级发展都是天生的，这样就混淆了生理性需要和社会性需要之间的界限，忽视或否定了人类基本需要的社会性。革命军人的“亏了我一个，幸福十亿人”、裴多菲的“生命诚可贵，爱情价更高。若为自由故，二者皆可抛”的精神境界，就无法用人类需要五层次理论来进行解释。由此可以看出，马斯洛的人类需要五层次理论在许多方面带有假设性质，缺乏实验依据和客观指标。

（四）消防救援人员需要的特点与合理引导

1. 特点

消防救援人员需要的特点是指人的基本需要在消防救援人员身上的特殊表现形式，具有明显的职业特点。总体可以概括为以下六个方面。

（1）生理健康和安全的需要。生理健康和安全的需要是为保证消防救援人员的基本生存而产生的需要。生理健康的需要主要包括衣、食、住、行、医等。安全的需要包括个人安全的需要和家庭安全的需要。生理健康和安全的需要是维护消防救援人员个体生存和发挥队伍救援效能的必要条件，其处于需要层次的最底层，具有强大的动力。

（2）社会交往的需要。社会交往的需要表现为重感情，渴望能够与他人愉快的交往，在消防救援队伍的工作和生活中，能够拥有良好的人际环境。这方面需要的满足会使消防救援人员对队伍产生归属感；反之则容易引发疏离感、失落感等，不利于个人的管理以及消防救援队伍凝聚力的形成。

（3）知识文化的需要。消防救援人员渴望成才，希望在消防救援队伍中学习一些知识与技能，以适应消防救援队伍与地方对人才的需求；消防救援队伍内部生活相对单调，节奏紧张，消防救援人员希望有丰富的娱乐生活，在消防救援队伍浓厚的文化氛围中获得身心的放松与享受。良好的学习环境、浓厚的文化氛围可以使他们安心训练，以更饱满的精神状态投入到消防救援队伍的建设当中。

（4）自尊的需要。自尊的需要表现为有自尊心，爱惜自己的名誉，不甘示弱，政治上要求进步，工作上争取成就。希望得到别人的尊重和理解，希望自己的能力和工作得到别人的认可，渴望队友的关心、爱护。能够早日加入团组织、党组织，考学、立功受奖等。这方面的需要是消防救援人员个人价值和工作目标的体现，是激发消防救援人员积极工作的强大动力。

（5）民主的需要。民主的需要表现为消防救援人员在队伍“准现役、准军事化”的基础上，能够畅所欲言，发扬民主的精神，使自己的民主权利得到尊重，保持自身相对的个性；畅通上下交流的渠道，自身的意见、建议能够得到尊重和采纳。民主需要的满足也是提高消防救援人员工作的积极性的重要方面。

（6）自我实现的需要。在消防救援队伍中，实现自身价值是消防救援人员最高层次的需要。自我实现的需要表现为消防救援人员经过消防救援队伍的培养教育，经历各种艰苦环境的锻炼，期盼为国家和人民做贡献；能够在防范化解重大风险和保护人民生命财产安全中发挥自己的专业特长；在祖国建设、保障社会稳定中实现自身人生价值。自我实现需要是消防救援人员能够战胜各种困难，从胜利走向胜利的不竭动力。

2. 合理引导

消防救援人员的需要是客观存在的，并最终导致动机和行为的产生。了解和研究消防救援人员需要的特点，其目的在于培养和满足消防救援人员正当、合理的需要，纠正其不合理的需要，帮助其提高自我调节的能力，使其形成正确的动机和产生有益的行为。

（1）满足和引导合理需要。需要是人脑对生理需求和社会需求的一种反映。在现实生活中，消防救援人员的主观需要在一定程度上反映了他们的生理需求和社会需求。若这些生理需求与社会需求合理时，应正确地给予引导与帮助。对于那些现实情况能够满足的需要，可以采用组织帮助解决、队友帮助解决或者鼓励当事人自己解决的方法，使这些需要得到满足。当消防救援人员的需要暂时不具备满足的条件时，应耐心地做好解释工作，积极地创造条件来帮助他们实现需要。需要是个体行为积极性的源泉。当消防救援人员的合理需要得到满足时，有助于调动他们工作的积极性，使其产生肯定的情感与情绪。

（2）调节和纠正不合理的需要。人的需要有正当合理的需要，也有不合理的需要。当消防救援人员的需要与现实条件、社会利益不符时，应及时地给予引导和帮助，使其放弃这些不合理的需要或将不合理的需要转化为合理的需要。当消防救援人员的需要不切实际时，应循循善诱，进行说服教育。当消防救援人员的需要属于无理取闹时，应及时进行有说服力、有针对性的批评教育，使其放弃无理的需要，培养高层次的合理需要。消防救援人员应服从国家改革开放和经济建设的大局，认清形势，自觉地把握个人需要的尺度，及时地调整和纠正不合理的需要。

（3）选择适当的行为方式满足需要。同一种需要，可以选择不同的方式予以满足，有的可能导致建设性行为，有的可能导致破坏性行为。满足需要的行为方式，既不能损害国家和社会的利益，也不能损害集体和他人的利益。因此，消防救援人员在满足个人需要的时候，一定要采取合乎社会主义道德要求，合乎社会主义法律规范的行为。

（4）学会需要的互补，保持心理平衡。需要具有一定的互补性。当某方面的需要暂时不能得到满足时，可以通过满足其他方面的需要来填补缺失。在日常的工作学习中，消防救援人员应学会不断调整自己的需要，使暂时不能满足的合理需要得到及时的补偿，以此保持心理的平衡。

二、动机

（一）动机的定义与分类

1. 定义

动机是由目标或对象引导、激发和维持的一种内在心理过程或内部动力。也就是说，动机是一种内部心理过程，而不是心理活动的结果。人从事任何活动都有一定的原因，这个原因就是人的行为动机。动机作为一个解释性的概念，用来说明个体为什么有这样或那样的行为。德国思想家恩格斯指出："就个别人说，他的行动的一切动力，都一定要通过他的头脑，一定要转变为他的愿望的动机。"

引起动机必须有内在条件和外在条件。引起动机的内在条件是需要，动机是在需要的基础上产生的。如果说，人的各种需要是个体行为积极性的源泉和实质，那么人的各种动机就是这种源泉和实质的具体表现。动机和需要密切地联系在一起，当需要在强度上达到一定水平，并且有满足需要的对象存在时，就引起动机。驱使个体产生一定行为的外部条件称为诱因。诱因可以分为正诱因和负诱因。凡是个体因趋向或接受它而得到满足，这种诱因称为正诱因；凡是个体因逃离或躲避它而得到满足，这种诱因称为负诱因。

动机与目的既有区别又有联系。动机是激励人去达到目的的原因，动机决定目的，目的在一定程度上反映动机。二者既有一致性，又有矛盾性。有时人的目的可以相同，动机可能不同，如很多人把加入消防救援队伍作为自己的目标，但是各自的动机却不尽相同，有人为了保护人民生命财产安全，有人为了丰富人生经历等。有时人的动机相同，但是目的不同，如同样是为了实现祖国繁荣富强，军人爱军习武，科学家努力科研，农民提高土地产量等。

动机对行为具有引发、指引和激励的功能。人类的各种行为总是由一定动机所引起的，没有动机也就没有行为。动机像指南针一样指引着活动的方向，它使活动具有一定的方向，朝着预定的目标前进。动机对行为具有维持和加强作用，强化行为以达到目的。

2. 分类

人类动机十分复杂，可以从各个不同角度，根据不同标准可分为以下两类。

根据动机的起源，可以把动机分为生理性动机和社会性动机。生理性动机起源于生理性需要，它是以有机体的生理需要为基础的，如饥饿、干渴、性、睡眠、解除痛苦等动机。人类的生理性动机区别于动物的生理性动机，人类的生理性动机受社会生活条件所制约。社会性动机又称为心理性动机，它起源于社会性需要，与人的社会性需要相联系，包括成就、交往、威信、归属和荣誉等动机。社会性动机具有持久性的特征，是后天习得的。

根据影响范围和持续时间，可以将动机分为长远动机和短暂动机。前者来自对活动意义的深刻认识，持续作用的时间长，比较稳定，影响的范围也广；后者常由活动本身的兴趣所引起，持续时间短，常常受个人情绪影响，不够稳定。比如，有些同志学习努力主要是为了获得领导的表扬、奖励，这些动机就是暂时的；有的同志干工作出于对党、对祖国、对人民、对消防救援队伍的高度政治责任感，是为了集体的荣誉，这就属于长远动机。短暂动机可以直接刺激消防救援人员执行活动任务，长远动机则使消防救援人员的学习和工作具有一定的方向性和社会价值，推动他们坚持不懈地向既定目标努力。在实际生活中，这两种动机都是需要的，二者有机结合起来，就会使消防救援人员保持高昂的工作和救援热情。

（二）消防救援人员动机的特点

消防救援人员的动机具有多样性和复杂性的特点。

消防救援人员的动机具有多样性的特点。需要是动机的源泉，不同消防救援人员的需要不同，动机就会多种多样。献身消防救援事业、把消防救援队伍当作实现个人理想的跳板、在消防救援队伍学习技术都可能成为消防救援人员入职的动机。在同一个人身上，行为的动机也会呈现多样性。在动机中，有些动机是主导性动机，有些动机是次要性动机。有时动机之间会发生矛盾，使人处于两难选择的境地，造成一定的心理冲突，通常这种心理冲突可分为以下四种。一是“双趋”式冲突，即“鱼我所欲，熊掌亦我所欲”，但两者又“不可兼得”。二是“双避”式冲突，即消防救援人员想同时回避两个都会带来不利后果的目标，但又必须接受其中之一。三是“趋避”式冲突，指消防救援人员一方面想接近某一目标，同时又想回避这个目标可能带来的不利结果。四是“双趋双避”式冲突，指消防救援人员面临两个目标选择，每个目标选择既带来好处同时又伴有不利影响。

消防救援人员的动机还具有复杂性的特点。动机的产生在一定程度上会受到客观环境的影响。由于消防救援人员所处的地位、家庭背景、受教育程度及生活条件的不同，决定了消防救援人员动机的复杂性。

（三）动机理论

动机理论主要是心理学家对动机这一概念所做的理论性和系统性的解释，这里主要介绍其中两种——认知理论和驱力降低理论。

1. 认知理论

动机的认知理论认为，动机是人们的思维、期望、目标，即人们认识的产物，例如，学员为考试而努力学习的程度，取决于他对获得好成绩的预期。认知理论对内部动机和外部动机做了关键性的区分。内部动机是个体参加能够带来愉快的活动，并不是为了它能带来任何外部奖励。相反，外部动机促使个体为了金钱、分数等一些明确的奖赏去做一些事情。例如，某学员因为喜欢英语而长期不知疲倦地学习，这是内部动机在激励他；如果他努力学习只是为了得到老师的表扬，那么就是外部动机的作用。当完成任务的动机是内在的而非外在的时候，个体更能够坚持不懈地努力工作，并且高质量地完成任务。

2. 驱力降低理论

驱力是指由于个体需要而产生的一种紧张状态，它激发或驱动个体的行为以满足需要，从而使机体恢复平衡状态。驱力可以分为原始驱力和次级驱力两种。驱力降低理论认为，一种基本生理需要的缺失，将会产生一种满足该需要的驱力。当个体采取某种行动时，若该行动结果能满足产生驱力的需求，就会使该驱力降低。驱力降低的结果，便会加强此种行为的重复出现。

个体通常通过满足原始驱力潜藏的需要以降低驱力，如饿了就会寻找食物，渴了就要找水喝，冷了就会多穿点衣服。许多基本需要，包括对食物、水、恒定的体温、睡眠等需要都是通过均衡作用加以平衡的。体内平衡是身体保持一种稳定的内部状态的倾向，是原始驱力的基础。

（四）动机的激发

持续激发动机的心理过程在心理学中又被称为激励。通过激励，在某种内部或外部刺激的影响下，使个体始终处在一个兴奋状态中。激发个体动机的心理过程模式可以表示为需要引起动机，动机引起行为，行为又指向一定的目标。人类的行为模式如图 2-2 所示。

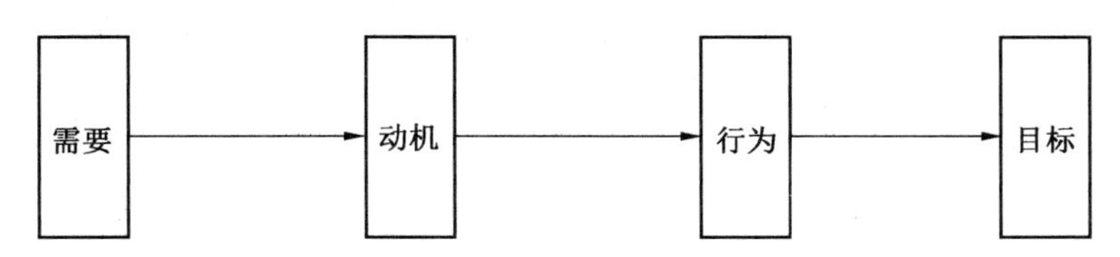

动机激发的心理过程模式

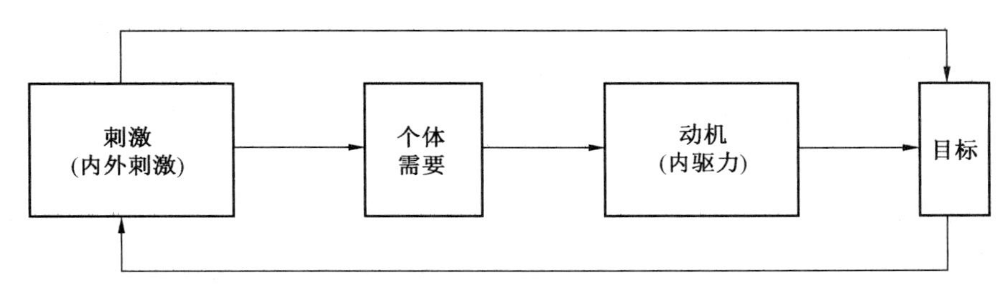

图 2-2　人类的行为模式

1. 目标激励

目标激励就是通过设置适当的目标，激发动机，调动积极性的激励。目标既可以是外在的具体对象，如完成 400 m 跑测试的时间等；也可以是精神对象，如思想道德水平等。

运用目标激励调动消防救援人员的积极性，应注意以下三点。一是目标难度要适中。所设目标一定要与消防救援人员的能力相适应。难度太大，使人可望而不可即，会降低期望值；难度太小，轻而易举，又会影响效果，两者都不利于调动消防救援人员的积极性。二是目标内容要具体。所设目标，不能笼统抽象，而应具体明确，能够量化。三是既要有大目标又要有小目标。大目标指总目标或远期目标。小目标指阶段目标或近期目标。只有总目标，没有阶段目标，容易使消防救援人员产生渺茫感；只有近期目标，没有远期目标，容易目光短浅。

2. 强化激励

强化激励就是利用人的行为结果对动机的影响来进行的激励，一般分为四种，即正强化、负强化、正惩罚及负惩罚。正强化是为了能建立一个适应性的行为模式而给予一个好刺激。负强化是为了能建立一个适应性的行为模式而去掉一个坏刺激。正惩罚是为了让不适应的行为不再出现而施加一个坏刺激。负惩罚是为了让不适应的行为不再出现而去掉一个好刺激。

在对消防救援人员进行强化激励时，应注意下列三点。一是强化物要适宜，要紧贴消防救援人员的需求进行强化。二是强化物的呈现要及时，意义要明确。消防救援人员的适应性行为发生后，评价行为结果必须及时，否则会削弱强化效果。另外，表彰什么，惩罚什么，管理者一定要做到胸中有数，并且表达要明确。三是强化的标准可逐渐提高，强化的次数要逐渐减少。这一点更多的是对正强化而言的，正强化的目的是要让适应性行为出现，不适应行为减少或消除。当消防救援人员的适应性行为稳定地出现时，即可逐步减少正强化的次数，或只在其又有新的进步时才予以强化。

3. 榜样激励

榜样激励就是利用榜样的示范作用激发消防救援人员学习先进的动机。例如，抗震救灾中涌现的先进人物、先进事迹可以激发消防救援人员竭诚为民的动机。榜样是一面旗帜，具有具体性、鲜明性的特点。它能引起个体的注意，使人产生羡慕与敬仰的感情，进而激发人们的学习和模仿的动机。榜样的感染力大，号召性强，它能激发人的上进心。对比较先进的消防救援人员是一种挑战，激发他们找出差距，更上一层楼；对后进消防救援人员是一种鞭策，让他们产生心理上的触动，迎头赶上；对被树立为榜样的先进单位或个人也是一种心理压力，促使其更加兢兢业业，不断前进。运用榜样激励要做到以下两点。一是要做到善于发现典型，特别是身边人、身边事更具有冲击性和感染力。二是要善于运用典型，能够运用典型激发和强化消防救援人员的进取动机。

4. 公平激励

公平理论指出，人们总是要将自己所做的贡献和所得的报酬，与一个和自己条件相同的人进行比较，如果这两者之间的比值相等，双方就都有公平感。如果不相等，则会觉得不公平。不公平感会导致工作积极性下降和效率降低，有时还会产生人际矛盾，造成内耗。在运用公平激励时一定要注意以下两点。一是在工作任务分配、奖励评定、职衔晋升等敏感问题上，做到公平合理，公道正派。公平、公正得人心，能有效地调动消防救援人员的积极性；不公平、不公正会失人心，会严重影响和挫伤人的积极性。二是要制定正确、客观的评比标准。如制定合理的消防救援人员晋职晋衔、评功评奖标准等。在评比的过程中，要做到民主公开，增加透明度，尽量减少消防救援人员的不公平感。

5. 期望激励

期望激励，又被称为罗森塔尔效应，就是通过语言、行为表达对人的由衷的尊重与希望，从而激发人、鼓励人的方法。期望激励的内涵很丰富，它体现了对教育对象的尊重、理解、信任和要求。这种方法能使受教育对象获得自尊满足和成就感，从而激发其主动性、积极性和创造性，变“要我做”为“我要做”，努力实现目标，完善自我。

期望激励是队伍激励消防救援人员常用的一种方法，在使用时，要注意以下三点。一是，思政工作者须有较高的素质和人格威望，能够赢得受教育者的尊敬和爱戴。研究表明，如果期望来自于他们敬重的权威或人格高尚的人，效果会更加明显。二是，思政工作者能真诚地尊重、信任教育对象，能独具慧眼地发现每个消防救援人员的特长或潜能，提出期待要求并加以引导。三是，针对不同类型的教育对象，确定恰当的期望目标。如针对个别先进消防救援人员，期望目标应远大一些，而对大多数消防救援人员，所期望的目标是他们“跳一跳，够得到”的，避免因期望过高使他们感到望而却步，从而丧失信心。

（五）消防救援人员动机实现过程中的挫折与引导

消防救援人员在动机的实现过程中常常会遇到一些阻碍，受到一定挫折。分析消防救援人员受挫的原因，寻求战胜挫折的方法，以帮助消防救援人员树立战胜挫折的信心，增强将动机转变为现实的能力。

消防救援人员受挫的原因大致有外部挫折与内部挫折两种。

外部挫折是指由于外部条件的限制，使得某些动机不能实现，这是受挫的客观原因。通常有以下四种情况。一是某些政策、制度、规定的变化；二是有的消防救援人员在婚恋中感情不顺；三是出现天灾和偶然的过失；四是受到社会集体规范的制约。

内部挫折是指受自己内部条件的限制，使得某些动机得不到实现，这是受挫的主观原因。通常有以下三种情况。一是受自己认识能力的限制；二是受个人疾病的限制；三是由于性别、文化、年龄的差异而产生的限制。

在动机的实现过程中，在所难免地会遇到挫折，如何将动机转化为现实的过程显得尤为重要，具体步骤有以下四点。

一是正确分析现实，客观审定目标。挫折是普遍存在的，从某种意义上说，挫折是生活的一部分。在自然界、社会中，直线、顺利发展的事物是不存在的。当我们遇到挫折后，首先应保持冷静的头脑，正确看待挫折，慎重分析自己的动机是否正确和客观。如果试图达到一定的目标而多种尝试都失败的话，说明目标的设定可能不符合客观实际，或者主观上不具备这种可能。那么就需要对目标进行重新定位。

二是改善挫折情境，学会迂回前进。挫折感是影响动机转化为现实的一个重要因素，当遇到挫折时，可以通过改善挫折情境来降低或者消除挫折感。改善挫折情境的一个重要方法就是学会迂回前进。即一个人在某个领域失败后，可以选择暂时离开这个情境，从另一个领域寻找机会，争取成功。这也被称为“代偿”。

三是不断完善自己，努力奋发进取。一个人在受挫之后，可以把失败带来的郁闷和压力转化为奋发进取的动力。在受挫的过程中发现自身存在的不足，积极地进行弥补，努力提升和改进，为将来更好地战胜挫折打下坚实的基础。

四是主动疏通思想，尽情吐露心声。把憋在心里的苦闷，向领导、队友、家人或最知心的朋友吐露，不仅可以获得他们的宽慰和理解，而且可以获得他们的劝慰和帮助，解开自己心里的“疙瘩”，放下包袱，轻装前进。如果总把问题埋在心里，钻牛角尖，往往会误入歧途，甚至做出遗憾终身的事情。

三、理想与价值观

（一）消防救援人员的理想及培养

1. 理想的定义、分类及特点

理想是指个体对未来有可能实现的奋斗目标的向往和追求。理想不同于空想。空想是脱离客观现实，不符合客观规律的。而理想的奋斗目标是建立在对客观规律的正确认识的基础上的，它是一种指向未来，并且可以实现的个人愿望。

根据理想的内容，通常我们将其分为社会理想与个人理想。社会理想是对崇高的社会制度的理想。个人理想是关于个人未来的理想。社会理想与个人理想密不可分。社会理想居于最高层次，是理想的核心，它制约着个人理想的发展；而个人理想则是社会理想的具体体现，它影响着社会理想的实现。

消防救援人员的理想概括起来主要包括生活理想、道德理想、职业理想及政治理想这四个方面。生活理想是指消防救援人员对自己未来物质生活、精神生活的向往；道德理想是指消防救援人员要求自己成为一个具有什么道德品质的人；职业理想是指消防救援人员对未来工作部门、种类的向往；政治理想是指消防救援人员所具有的政治奋斗目标，它是消防救援人员理想的核心。

理想不是天生就有的，它是随着一个人认识的扩展，在实践活动中不断强化、发展的结果。其特点主要有以下四点。一是动力性。理想是人生的航标，为人们指明了前进的方向。理想一旦形成就会成为鼓舞人们前进的巨大动力。二是动态性。理想是在个体社会化的过程中逐渐形成的。儿童期是理想的萌芽期，这时的理想与兴趣爱好直接相关；少年期是理想的形成期，希望成为一个什么样的人是这一时期的主要理想；青年期是理想的发展期，这时的理想较为成熟与稳定，与一定的社会理想相联系。在理想的形成和发展过程中，家庭、学校教育和社会环境等许多因素都会发挥作用，其中学校教育起主导作用。三是情感性。人们对理想总是带有丰富、强烈、浓厚的情感色彩，并且能愉快而负责任地去实现它。四是未来与现实的结合。理想来源于现实却高于现实。它不同于空想、幻想，理想虽然是指向未来的，但又是建立在现实生活的“土壤”之中的，是经过人们努力奋斗能够实现的目标设想。

2. 消防救援人员理想的培养

作为祖国的忠诚卫士，消防救援人员应当树立远大的理想。在理想的建立过程中，一方面，要进行共产主义理想教育，提高消防救援人员对我国国情与树立共产主义理想必要性的认识，培养对祖国和人民的责任感，不断增强消防救援人员实现理想的决心和信心。进行理想教育可以利用科学文化知识启发、引导消防救援人员认识到树立共产主义理想的重要性，明确正确理想的科学依据，以此增强实现理想的坚强意志；可以借助喜闻乐见的艺术形式以及消防救援人员乐于接受的各种媒介，大力宣传消防救援队伍中不断涌现的英雄人物及其事迹，发挥榜样的力量，帮助消防救援人员树立理想，向榜样学习。另一方面，结合实际，引导消防救援人员将远大理想与日常训练学习结合起来，从点滴做起。帮助和鼓励消防救援人员立足于现实，脚踏实地地处理好日常各项任务，从自身做起、从现在做起，自觉为实现理想而奋斗。

（二）消防救援人员的价值观及其培养

1. 价值观的定义及分类

价值观是指个体按照客观事物对其自身及社会的意义或者重要性进行评价和选择的原则、信念和标准，是一个人思想意识的核心，对个人的思想和行为具有一定的导向和调节作用。个人的价值观直接影响着个体对事物的判断，符合价值标准的就被认为是有价值的，不符合的则被认为是没价值的。同时，个体的价值观也直接影响着个人的行为。当个体把目标的价值看得很高时，在活动的过程中发挥的力量就越大，相反则力量越小。

价值观的分类。德国心理学家斯普兰格根据社会文化生活方式，把人的价值观分为经济价值观、理论价值观、审美价值观、社会价值观、政治价值观和宗教价值观。其中，经济价值观是倾向于从经济观点出发看待一切问题，以谋求利益为最高价值；理论价值观是以发现事物的本质为最高价值，注重观念和理想的追求，不太注意具体问题；审美价值观是致力于使事物变得更加有魅力，以感受事物的美为人生最高价值；社会价值观崇尚公益事业，致力于增进社会福利与帮助他人；政治价值观是以掌握权力为最高价值；宗教信仰者或传教士的价值观多属宗教价值观。

2. 消防救援人员价值观的培养

人的价值观具有相对稳定性，随着社会政治、经济、文化的发展，人的价值观也会随之演变。消防救援队伍的性质和根本职能要求每一个消防救援人员应树立竭诚为民的思想，乐于奉献、勇于牺牲、甘于吃苦、恪尽职守。但是，消防救援人员也是社会的一员，他们的价值观也存在着“义”与“利”的冲突。特别是与地方青年生活的强烈对比会使部分消防救援人员产生失落感。“义”与“利”的价值取舍，决定着消防救援人员的积极性。价值观的天平倾向取义一边，就会把精神追求看得重一些，积极性就高一些。否则，把个人物质利益看得很重，患得患失，一旦个人需要得不到满足，就会产生别扭心理。在消防救援队伍思想政治工作中，对消防救援人员受社会影响产生的消极价值观，需要加强教育引导。引导消防救援人员积极参加实践活动，在实践中培养优良品质；在实践中发挥榜样的作用，引导消防救援人员形成正确的价值观。

第二节　消防救援人员的个性心理特征

个性心理特征是指一个人身上经常地、稳定地表现出来的心理特点。它是个性结构中比较稳定的成分。主要包括能力、气质和性格。在个性心理发展过程中，这些心理特征较早地形成，并且不同程度上受生理因素的影响。研究消防救援人员个性心理特征有助于在消防救援队伍管理与思想政治工作过程中进行区别化对待，提高工作的针对性和有效性。

一、消防救援人员的能力

（一）能力

1. 能力的定义

能力是直接影响活动效率、使活动得以顺利完成的个性心理特征。

能力和活动紧密联系。一方面，人的能力是在活动中形成、发展和表现出来的；另一方面，从事某种活动又必须以一定的能力为前提。例如，基层干部在管理工作中表现出来的准确的观察力，消防救援人员在消防救援训练中表现出来的速度、耐力等。并非所有活动中表现出来的心理特征都是能力，只有那些直接影响活动效率，使活动得以顺利完成的心理特征才是能力。像急躁、活泼、沉静等特征，虽然和活动能否顺利进行有一定的关系，但这些并不能称为能力。

人要顺利完成某种活动，往往不是靠某种单一的能力，而是多种能力的有机结合。例如，一个合格的消防救援人员，应具有良好的感知判断能力、精细的观察能力、周密的思考能力、快速的反应能力等。

2. 能力的分类

人的能力种类有很多，可以从不同的标准对能力进行分类。

按照能力的倾向性可以划分为一般能力和特殊能力。一般能力又称普通能力，指大多数活动所共同需要的能力，是人所共有的最基本的能力，适用于广泛的活动范围，符合多种活动的要求，有助于人们比较容易有效地掌握知识。一般能力和知识活动紧密地联系，观察力、记忆力、注意力、想象力和思维力都是一般能力。一般能力的综合体就是通常说的智力。特殊能力又称专门能力，指为从事某项专门活动所必需的能力。它只在特殊活动领域内发生作用，是完成有关活动必不可少的能力。一般认为，数学能力、音乐能力、绘画能力、体育能力、写作能力等都是特殊能力，一个人可以具有多种特殊能力，但其中只有一至两种特殊能力占优势。

按照能力的功能可以划分为认知能力、操作能力和社交能力。认知能力指接收、加工、储存和应用信息的能力。它是人们成功地完成活动最重要的心理条件。知觉、记忆、注意、思维和想象的能力都被认为是认知能力。操作能力指操纵、制作和运动的能力。劳动能力、艺术表现能力、体育运动能力、实验操作能力都被认为是操作能力。社交能力指人们在社会交往活动中表现出来的能力。

按照能力参与其中的活动性质可以划分为模仿能力和创造能力。模仿能力是指仿效他人的言行举止而引起的与之类似的行为活动的能力。比如消防救援人员模仿消防救援技术动作，学习消防救援装备的技能操作等。创造能力指产生新思想，发现和创造新事物的能力。创造能力是成功地完成某种创造性活动。在创造能力中，创造思维和创造想象起着重要的作用。

3. 能力与知识

能力并不是知识的代名词，知识也不能在所有场合下替代能力。能力与知识既有区别，又紧密联系。

二者的区别表现在：一是它们属于不同范畴。能力是人的个性心理特征，知识是人类社会历史经验的总结和概括。例如，森林消防林学、灭火战略战术等的概念和理论属于知识的范畴，而如何运用这些知识，在火场上取得胜利则属于个人的能力范围。二是知识的掌握和能力的发展不同步，能力的发展比知识的获得要慢得多，而且不是永远随知识的增加而呈正比发展的。人的知识在一生中可以随年龄增长而不断地累积，但能力随年龄的增长呈现一个发展、停滞和衰退的过程。

能力和知识又是密切联系的。一方面，能力是在掌握知识的过程中形成和发展的，在组织得当、方法合理地掌握知识的过程中，同时发展着能力。离开了学习和训练，任何能力都不能得到发展。另一方面，掌握知识又是以一定的能力为前提的，能力是掌握知识的内在条件和可能性。

（二）能力的发展与差异

1. 智力发展的一般特点

个体智力的发展不是等速的，一般是先快后慢，到了一定年龄停止增长，随着人的衰老智力开始下降。出生后的头几年是智力发展最快的时期。从出生到 4 岁是智力发展最迅速的时期。4~8 岁速度减慢，但仍然高速发展。其后几年发展速度明显减慢。以 17 岁智力水平为 100% 的话，4 岁时大约就已经发展到了 50%，4~8 岁期间再发展 30%，而剩余的 20% 是在 8~17 岁期间发展起来的。因此，青年人的智力水平仍处在上升过程中，但是增长速度已经减慢。

上例中，为了说明智力增长的特点而假定 17 岁的智力为 100%。关于人的智力发展顶峰年龄的问题，美国心理测量学家韦克斯勒利用标准的智力测试研究了 7~65 岁人的智力，发现智力发展的高峰期在 22~25 岁，然后就开始出现衰退。

智力中的不同成分发展到顶峰的时间和衰退的时间都是不相同的。比如，观察力发展到顶峰的年龄为 10~17 岁，到 70 岁以后丧失一半以上；记忆力发展的顶峰年龄为 18~29 岁，70 岁以后能保持 55%；比较和判断力发展的顶峰年龄在 30~49 岁，衰退的速度比较慢，70 岁以后还能保持 69%。总体而言，青年消防救援人员的智力水平都处在人生中的顶峰状态。

2. 智力的测量

法国心理学家阿尔弗雷德·比纳设计了世界上第一个正式的智力测验，依据智力测验的结果，可以将智力水平用智力商数来表示，简称智商（IQ）。智力商数不仅可以体现出个体的心理年龄，也可以体现出个体的实际年龄。智力商数分布见表 2-1。

已经发展到第五版的斯坦福—比纳智力量表由根据被测者年龄而在性质上不断变化的一系列项目组成。例如，要求年龄小的孩子抄写数字、回答日常生活中的问题，而要求年

表2-1 智力商数分布

智商	级别	占比/%
139 以上	非常优秀	1
120~139	优秀	11
110~119	中上	18
90~109	中智	46
80~89	中下	15
70~79	临界	6
70 以下	智力迟钝	3

龄较大者解决类推问题、解释谚语、描述一系列单词的相似性等。该测试通过口述的方式进行。测验者通过让被测者先回答简单的问题，再回答较难问题的方式来给被测者确定一个心理年龄。当被测者不能正确回答测验项目时，测验就结束。斯坦福—比纳智力量表需要个别地、一对一地进行，进行大规模的测验和评分都较为困难且耗时。因此，心理学家又设计了一些可以团体施测的智力测验。在每一次测验中测验者不是只要求一个被测者对测验项目做出回答，而是指导多个被测者回答测验问题。团体测验容易进行，工作效率高，而缺点是问题不具体，不利于测验到被测者的真实水平。

3. 能力的差异

一是类型上的差异。智力结构中的诸要素，在每个个体身上表现的不相同，这是遗传因素造成的，每个个体都有自身的优势因素。比如，有的消防救援人员观察能力强，属于观察分析型。即便同是观察能力强的消防救援人员，对事物整体和细节的观察也不尽相同，有一些个体注重观察事物的细节部分，忽略整体，有的注重整体却忽略细节，而有一些个体则能既注意细节也注意整体。在记忆方面，有的个体属于视觉记忆型，他们对记忆的储存主要是以视觉表象为主（表象就是事物的具体图像）；有些个体属于听觉记忆型，他们以听觉表象储存信息等。

二是性别差异。智力发展表现出来的性别差异并不是青年期才有的，研究结果表明，两性智力差异与年龄有关。在婴儿期没有什么差异，从幼儿期开始显示出差异性，女孩智力发展在此时优于男孩，童年期开始女孩的优势更加明显，但是这一优势只能保持到青春期。青春期开始后，14 岁左右的男孩的智力发展开始逐步赶上并超过女生。从整体上看，男女两性的智力发展是平衡的，并不存在男性比女性聪明的结论，但二者在智力的各个因素上存在不均衡，表现出一定的差异性。

三是能力表现的早晚差异。人的能力有早期表现的，也有中年成才和大器晚成的。能力早期表现又称为人才早熟。能力的早期表现，一方面是有良好的素质基础和遗传基因，同时与其环境的早期影响、家庭的早期教育和实践活动都有密切的关系。中年是成才和创造发明的最佳年龄，是人生的黄金时期。中年人既有较强的抽象思维能力和记忆能力，又有丰富的基础知识和实际经验。中年期是个人成就最多，对社会贡献最多的时期。大器晚成表现的原因是多方面的，可能因为年轻时不努力，后来加倍勤奋的结果，也可能是小时智力平常，通过长期的主观努力争取的结果。大器晚成的原因可能还与不合理的社会制度和阶级地位有关。

（三）能力的培养

1. 能力的形成与发展

遗传因素和环境因素在能力形成过程中的作用是无法分离的，这两者相互依存，彼此渗透，共同促进能力的发展。

遗传就是父母把自己的性状结果和机能特点传给子女的现象。个体的遗传素质是人的能力形成的自然基础。素质是遗传的，它服从于遗传规律。素质是有机体生来具有的解剖生理特点，主要是神经系统、感觉器官和运动器官的生理特点，特别是大脑的生理特点。一般认为，素质是能力发展的自然前提，没有这个前提，就不能发展相应的能力。如果缺乏某一方面的素质，就难以发展某一方面的能力。但是，素质本身不是能力，并不能决定一个人的能力，它仅仅提供能力发展的可能性。人只有通过后天的教育和实践活动才能使发展的可能性变为现实性。

环境指客观现实，包括自然环境和社会环境。一般认为，大多数人的素质是相差不大的，而其能力发展之所以有差异则是由环境、教育和实践活动所造成。这些因素在能力发展中的作用极为重要。教育和后天的环境实践是能力形成的决定因素。其中，能力的现实性主要体现在具体的活动中，在具体的实践中得以验证和提高。消防救援队伍特殊环境的实践，是对消防救援人员特殊能力的考察和锻炼。因此，根据消防救援队伍建设要求，鼓励支持消防救援人员努力学习，掌握一定的知识、技能，并在具体的工作实践活动中提高知识、技能的熟练水平，从而有效地提高消防救援人员的能力。

环境和教育是能力发展的外部条件，人的能力是在主体的积极活动中发展起来的。离开了实践活动，即使有良好的素质和环境，能力也得不到发展。一个人的能力水平是与他所从事活动的积极性呈正比。优良的个性品质是在实践活动中培养起来的，优良的个性品质又推动人去从事并坚持某种活动，从而促进能力的发展。具有完成任务的坚毅精神，自信而有进取心，谨慎和好胜是能力发展的重要条件。

2. 根据能力差异，因材施教

在消防救援训练、思想教育等过程中，应根据能力特点，因人而异。在政治学习中，针对部分消防救援人员感知敏捷，思维理解深刻，接受能力强，学习内容掌握快的特点可以适当增加新内容，采用启发式教育，增强学习兴趣。对感知慢，反应理解迟缓的消防救援人员，则应对学习内容进行反复讲解，多次复习，采用循序渐进的方法进行教育。在解决具体问题时，应更加注意能力的高低，区别教育，分清哪些属于思想问题，哪些属于能力问题，具体问题具体分析。

在消防救援训练中，也应根据能力差异，进行不同程度和周期的训练，以提高训练效果。对少数能力较强的消防救援人员，在训练上可以增加广度、难度和深度，在训练周期上可以减少时间，这样才会使他们有“吃得饱”的感觉，同时要提高标准、从严要求，使他们的能力在较高的水平上得以发展。相反，对一些能力较弱的消防救援人员，则要在内容、程度以及训练周期上降低标准，以防止其产生“吃不消”的感觉，避免挫伤其积极性；同时注意在消防救援活动中循序渐进地培养和发展他们的能力，逐步缩小知识和技能熟练程度上的差距。

对大多数消防救援人员来讲，原有的能力水平是差不多的，因此，更重要的是挖掘主观积极性，将浓厚的兴趣与巨大的热情调动起来，从而发展消防救援人员整体的能力水平。

二、消防救援人员的气质

（一）气质

1. 气质的定义

气质是表现在心理活动的强度、速度、灵活性与指向性等方面的一种稳定的心理特征。“气质”这一概念与日常生活中常说的“脾气”“秉性”或“性情”相类似。气质不是推动个体进行活动的心理原因，而是心理活动的稳定的动力特征，它影响个体活动的一切方面。具有某种气质的人，在内容完全不同的活动中显示出同样性质的动力特征。例如，一名消防救援人员每逢考核就表现出激动，等候时坐立不安，参加比赛时沉不住气，经常抢先回答上级的提问，这名消防救援人员就具有情绪激动的气质特征。

一个人的气质类型和气质特征是相当稳定的。气质是不以人的活动动机、目的和内容为转移的、稳定的心理活动动力特征。气质不是一成不变的，气质在生活和教育条件的影响下会发生缓慢的变化，以符合社会实践的要求。可见，气质既有稳定的一面，又有可塑的一面，是稳定性和可塑性的统一。

2. 气质学说

气质是一个古老的概念，从拉丁文翻译过来，表示“各部分应有的相互关系”。早在公元前五世纪，古希腊著名医生希波克拉特通过临床观察和在社交场合对正常人的心理活动分析，发现不同的人有不同的表现，从而提出了气质的“体液说”。他认为人体内有4种体液：血液、黏液、黄胆汁和黑胆汁。哪种体液为主，就表现出相应的气质特点，由此产生了四种气质类型的名称：多血质、胆汁质、黏液质和抑郁质。希波克拉特的气质学说，具有朴素的唯物主义思想，因此，这些气质名称一直沿用至今；但由于研究技术的限制，体液说毕竟是缺乏科学依据的。此后又有许多学说从不同角度对气质特点加以分析，诸如，“体型说”“激素说”“血型说”“活动特性说”等，但是都未能对人的气质做出令人信服的科学解释，直到苏联著名生理学家、高级神经活动学说创始人巴甫洛夫提出了“高级神经类型说”，才使得气质理论脱离了神秘色彩。

巴甫洛夫在研究高级神经活动时发现，人的高级神经活动过程中有三个基本特征。一是兴奋和抑制过程的强度，即神经细胞工作能力的强度；二是兴奋和抑制过程的平衡性，即兴奋强度和抑制强度相一致的程度；三是神经过程的灵活性，即兴奋过程相互转换的快慢。巴甫洛夫指出，每一个个体的气质不是依赖这些特性中的某一特性，而是依赖于这些特性的结合。他把决定气质的神经系统特性的结合叫作神经系统类型。巴甫洛夫根据神经系统特性的不同组合划分出四种基本的神经系统类型。一是强而不平衡型（兴奋过程强度占优势）；二是强而平衡的灵活型；三是强而平衡的不灵活型；四是弱型。

3. 气质类型的心理特征

根据现有研究，气质类型的心理特征主要体现在以下六点。

（1）感受性，是指人对内外适宜刺激的感觉能力。它是神经过程强度特性的一种表现，用感觉阈限的大小来测量。

（2）耐受性，是反映人对客观刺激在时间和强度上的耐受程度。它也是神经过程强度特性的表现。

（3）反应的敏捷性，包括心理反应和心理过程进行的速度，如思维的敏捷性、识记的速度、注意转移的灵活性等；不随意的反应性，如不随意注意的指向性、不随意运动反应的指向性等。反应敏捷性主要是神经过程灵活性的表现。

（4）可塑性，是指个体根据外界情况的变化而改变自己适应性行为的可塑性。刻板性被认为是与可塑性相反的品质。可塑性主要是神经过程灵活性的表现。

（5）情绪兴奋性，是指以不同的速度对微弱刺激产生情绪反应的特性。它不仅反映神经过程的强度，而且也反映神经过程的灵活性。

（6）倾向性，是指人的心理活动、言语和动作反应，是表现于外在或内在的特性。表现于外叫外向性，表现于内叫内向性。外向性是兴奋过程强的表现，内向性是抑制过程强的表现。

上述各种特性的不同结合，就构成了四种不同的气质类型。

（1）胆汁质的人感受性低而耐受性高，不随意反应性强，反应的不随意性占优势，外向性明显，情绪兴奋高，抑制能力差，反应速度快而不灵活。

（2）多血质的人感受性高且耐受性高，不随意反应性强，具有外向性和可塑性，情绪兴奋性高而且外部表现明显，反应速度快而灵活。

（3）黏液质的人感受性低而耐受性高，不随意的反应性和情绪兴奋性低，明显内向，外部表现少，反应速度慢而具有稳定性。

（4）抑郁质的人感受性高而耐受性低，不随意的反应性低，严重内向，情绪兴奋性高并且体验深，反应速度慢，具有刻板性和不灵活性。

具有一种气质类型典型特征者称为“典型型”，近似其中某一类型称为“一般型”，具有两种或两种以上类型者称为“中间型”或“混合型”。在总人口分布中，气质的一般型和两种类型的混合型的人占多数，典型型和两种以上类型混合型的人占少数。

（二）气质理论在消防救援人员中的应用

1. 正确看待不同气质特点

每种气质类型都有其优点和缺点。多血质的人情绪丰富，工作热情高，但他们的动机和注意不稳定。抑郁质的人情绪不稳定，工作速度慢，然而他们感情却异常细腻，具有敏锐的观察能力。在不同情况下针对不同的活动要求，各种气质都有其积极或消极的作用。从总体上说气质并无“好”“坏”之分。

气质类型并不决定一个人的社会价值与成就的高低。人的世界观、信念以及兴趣爱好都不依赖于气质，在同一领域内可以找到不同气质类型的突出代表。

气质类型虽然对人的实践活动不起决定作用，但对活动的性质和效率有一定影响。在不同类型的活动中气质的作用各不相同，当活动要求符合气质积极因素时，效率高，反之则效率低。另外，某些特殊的职业对人的气质具有特定的要求，如飞行员职业对心理水平有特别要求，多血质和胆汁质的人较为合适，对于值守工作，黏液质和抑郁质的人更加适合。了解气质类型的特点对人才选拔、人才培训和职业安排具有一定的参考意义。

2. 调动气质的积极因素

任何一种气质类型都存在有利和不利两个方面，应当在实践活动中扬长避短。对胆汁质的消防救援人员，要引导和发扬其坦率、勇敢、顽强、突击性强等特点，纠正其急躁、易怒、缺乏自制力等不良方面；对多血质的消防救援人员，要表扬和利用其活泼、乐观、善于交际等优良特征，帮助他们克服注意力不稳定、不踏实、不诚恳等不良方面；对黏液质的消防救援人员，要称赞和运用其情绪情感稳定、沉着安静、自制力强、踏实肯干的优良特征，引导他们克服冷漠、固执、迟钝、缺乏生气等不良方面；对抑郁质的消防救援人员，要肯定和发挥其守纪律、细心、谨慎、富于想象等积极方面，否定其多疑、孤僻、优柔寡断、缺乏自信等消极方面。

3. 因“气质”施教

一般说来，对胆汁质的消防救援人员，要发挥他们对工作的热情，在思想教育中，必须把握时机，进行具有说服力的严厉批评，不要轻易用“激将法”。要帮助他们加强修养，提高自控能力，自觉遵守纪律，严格按条令条例办事。对多血质的消防救援人员，要充分发挥他们的长处，多给任务，加大难度，保护他们的积极性并严格检查督促，为他们提供出谋划策的机会，发挥他们的影响力。在思想教育中，不能采取简单粗暴的压制方法，而应进行公开而有说服力的批评。对黏液质的消防救援人员，应及时发现和肯定他们的成绩，指出其缺点和弱点。在思想教育中，要耐心、细致，给予其思考的时间，不宜采取公开、严厉、激烈的批评。对抑郁质的消防救援人员，应给予他们更多的关怀和照顾，让他们完成一些力所能及的任务，增强其自信心。在思想教育中，宜少批评，多鼓励，引导他们多参加集体活动，使之心情愉快，心胸开阔。

4. 因“气质”分配工作

气质类型在人的实践活动中不起决定作用，但对人的活动效率有一定的影响。一般来讲，胆汁质的消防救援人员，热情、有干劲、精力充沛，可安排他们完成突击性强的任务。多血质的消防救援人员动作敏捷，反应迅速，善于交际，可以分配他们去完成与其他单位的共建工作，在疏导群众时，也可将他们放在第一线。黏液质的消防救援人员安静稳重，沉着坚定，他们在救援中的适用范围较广，是救援工作中的骨干。抑郁质的消防救援人员做事谨慎小心，观察力敏锐，适合装备保管员、文书等工作。当前，多数情况下不同气质的消防救援人员从事着相同的工作，担负着相同的任务，因此气质对职业和工作的影响也不是绝对的，不同气质的人只要发扬气质方面的长处，克服气质方面的弱点，都可以在消防救援队伍做出成绩。

综上所述，气质是影响人的心理活动和行为的动力特点，是构成个性特征的一个基础，虽然它不决定人的心理和行为，但在社会生活实践中，充分认识和适当考虑消防救援人员的气质类型特点，量“质”而用，各尽其能，对于加强队伍建设，圆满完成消防救援任务具有一定的现实意义。

三、消防救援人员的性格

（一）性格

1. 性格的定义

性格是人在对现实的稳定的态度和习惯化的行为方式中所表现出来的个性心理特征。诚实或虚伪、勇敢或怯懦、谦虚或骄傲、勤劳或懒惰、果断或优柔寡断等都是人的性格特征。性格就是一个人的许多性格特征所组成的统一体。性格特征表现在人对现实的态度和行为方式中。人对现实的态度和与之相应的行为方式的独特结合，就构成了一个人区别于他人的独特性格。一般地说，人对现实稳定的态度决定着其行为方式，而人的习惯化的行为方式又体现了其对现实的态度，这两个方面是统一的。

性格是稳定的，但又有一定的可塑性。人的性格并不是一朝一夕形成的，一经形成就比较稳定，会贯穿于其全部行动之中。性格是在主体与客体的相互作用过程中形成的，同时又在主体与客体的相互作用过程中发生缓慢的变化。

2. 性格的结构

性格是一个十分复杂的心理结构，它由各种不同的性格特征所组成。性格特征是指性格各个不同方面的特征，主要有四个方面。一是性格的态度特征，即人如何处理和对待社会各方面关系的性格特征，即个人对待社会、集体和他人的态度和行为。二是性格的理智特征，即在感知、记忆、思维、想象等认识过程中表现出来的性格特征。三是性格的情绪特征，即情绪活动的强度、稳定性、持久性以及主导心境等方面的特征。四是性格的意志特征，即表现在控制行为的目的性、自觉性等方面的个性特征。

性格特征不是孤立地、静止地存在着的，而是相互联系、相互制约和相互作用的。在各种不同场合中，各种性格特征又有不同的结合。各种性格特征之间存在着内在联系，性格是一个统一体。性格具有稳定性，但并不意味着人在一切场合下都以统一模式一成不变地表现出来，性格在不同场合以不同的侧面表现，这并不是人性格的肢解和分裂，这恰好说明人类性格的丰富性和真实性。消防救援人员可以通过主动的自我调节来塑造自己的良好性格特征，克服不良的性格特征。

3. 性格与气质的关系

在个性心理特征中，气质与性格是比较接近的两种心理因素。他们既有联系又有本质区别。两者的区别表现为以下三点。一是气质是比较稳定的心理特征，更多受遗传因素制约，是由高级神经系统活动类型所决定的，因此难以改变，可塑性小。性格主要是指人的态度和行为，主要受后天生活环境影响所形成的，因此性格较之气质容易改变，可塑性大。二是相同气质类型的人可以形成相同或不同的性格，不同气质类型的人，也可以形成相同或不同的性格。气质类型只影响某一性格形成的速度和难易程度，并不最终决定某一性格的形成。三是气质类型无好坏之分，而性格却有好坏之分。

性格和气质的联系有以下四点。一是具有共同的生理基础。气质和性格的形成都与人的高级神经系统密切相关。二是某一气质类型能够促进或者阻碍某些性格特征的形成。例如，胆汁质与黏液质相比，胆汁质易形成果断和勇敢的性格特征，黏液质易形成坚韧不拔、沉着冷静的性格特征。三是气质的动力性特点会使同一性格表现带有各自气质的色彩。四是性格一旦形成，可以在一定程度上掩盖或者改造气质的某些特征。

（二）消防救援人员的性格类型及养成

1. 消防救援人员的性格类型

通常可以从三个方面将消防救援人员的性格类型进行分类。

根据性格的结构特征可以把消防救援人员的性格分为理智型、情绪型和意志型。理智型的消防救援人员在待人方面常用理智衡量一切，喜欢思考，有时也容易钻牛角尖，喜欢以理服人。情绪型的消防救援人员通常情绪的作用会超过理智，态度表现、举止行为带有浓厚的情绪色彩，容易感情用事。意志型的消防救援人员凡事都有明确的目标，表现出主动性和意志力，不容易受困难因素所困扰，坚韧自制，但有时也容易固执。

根据心理活动倾向于内部因素还是外部因素，可以把消防救援人员的性格分为内向型和外向型。内向型的消防救援人员，心理活动容易受心理因素、经验、想象、联想的影响，行为谨慎，态度不易外露，感情比较深沉，办事稳重，好幻想，喜欢自我反省，敏感不善交际。外向型的消防救援人员对环境适应能力强，活泼开朗，感情外露，善于交际，但有时比较轻率，缺乏自我分析和自我批评，容易受外界影响。

根据独立性的程度可以把消防救援人员的性格分为顺从型和独立型。顺从型的消防救援人员独立性差，易受暗示，容易不假独立思考地接受别人意见，但有良好的合作精神，善于尊重别人。独立型的消防救援人员信念比较稳定，独立性强，非常自信，有主见、不盲从，但容易专断，并忽视他人合理的意见。

2. 消防救援人员性格的养成

性格是人在适应和改造环境的过程中逐渐形成和发展的，是人与环境相互作用的产物。因此，外部环境是影响性格形成的最重要原因。

性格的形成最早受家庭的影响，社会要求、社会意识、道德观念等首先是通过家庭起作用的，许多消防救援人员的性格特征都留有家庭教育的影响和烙印。学校是按社会的需要有目的、有计划、有组织地培养人的基地，是社会的一个组成部分。它通过集体环境，集体生活，把社会规范、道德法律的要求灌输于人。社会环境往往通过个人的一些方面起作用。这些方面包括，个人经历和实践的性质、个人的职业、个人重大关键的社会实践和个人的修养因素。

（三）消防救援人员良好性格的培养

1. 培养良好性格的原则

注重治本。培养和改造性格，不仅要从外部行为表现入手，更重要的是重视培养和改造消防救援人员的内在基本态度，树立正确的世界观与高尚的思想品德，端正消防救援人员的价值取向，使其形成正确的人生目标。

加强实际锻炼。人的性格主要是在后天环境中形成的。集体生活为消防救援人员良好性格的培养提供良好的实践空间。消防救援队伍的生活、训练、任务完成等为每一位消防救援人员丰富了实践经历，留下深刻的印象。消防救援队伍自身的纪律性能够规范消防救援人员的行为，形成良好的性格。

优化环境。创造良好的集体氛围，形成良好的舆论导向，这对消防救援人员良好性格的培养及不良性格的改变会起到潜移默化的作用。

持之以恒。性格具有相对稳定性，不是一朝一夕能够改变的。因此，对良好性格的培养以及不良性格的改造不能操之过急，应做好长期准备。

2. 培养良好性格的技巧

一是动力定型的建立。动力定型是指自动化的条件反射系统。人的性格特征是习惯化的行为方式和稳定的态度体系，两者在形成过程中有着一致性，不同的动力定型可以反映出不同人的性格特征。在对消防救援人员性格培养和改造之时，思想政治工作者可以根据这一原理，从一些具体工作活动中建立消防救援人员相应的条件反射系统，最终形成动力定型，乃至角色化，从而培养成稳固的性格特征。同样，改造不良性格，也可以把它看成是旧动力定型的打破，新动力定型的建立。

二是发挥榜样的力量。模仿是人的天性，也是形成行为自动化的一个重要机制。模仿在人的性格形成方面所起的作用在很大程度上可以用情绪体验来说明。例如，当模仿某人微笑时，很难有粗野或凶狠的态度和行为。通过对他人外部行为的模仿，能够自觉地引起相同的态度体验。当然，被动的模仿并不能决定一个人性格的形成，当模仿与自觉性相连时，才能够发挥其巨大的作用。因此，树立良好的性格榜样，可以成为培养消防救援人员良好性格的一个重要途径。

第三节　消防救援人员的自我意识

意识是人类特有的心理现象，是人的心理活动的主要形式和心理发展的最高阶段。人的意识活动，不仅能反映客观世界的存在，而且能反映人自身的存在。对自己与他人及客观世界关系的认识构成了自我意识。在人的意识中，自我意识占据着重要地位，它影响着人的认识、情感、意志等心理过程，制约着人的个性的形成和发展。消防救援人员自我意识是个性心理的调控机制部分，使个性倾向性和个性心理特征的多种成分成为一个完整的结构体系。消防救援人员自我意识水平越高，其对个性的调节统合作用就越大。可以说，自我意识是个性形成和发展的前提。自我意识的成熟，标志着消防救援人员个性的成熟。

一、消防救援人员自我意识的结构与特征

（一）自我意识的内涵及其结构

1. 内涵

自我意识是指个人对自己的各种身心状态以及对自己与周围环境之间关系的认识、体验和调控。我们在实际生活中，都会对自己的生理状态、心理活动及其特征以及自身与外界客观事物的关系形成一定的认识，由此产生各种不同的情感体验，并进而调节、控制自己的行为，这就是自我意识。自我意识中的“我”实际上有两个方面的含义。一个是主观的“我”，即作为观察者的“我”，它是自我意识的主体；另一个是客观的“我”，即作为被观察者的“我”，它是自我意识的客体、对象。就是说通过主观的“我”对客观的“我”的观察，就像照镜子一样，个体可以审视、反省自己的身心活动，调节、控制自己的心理和行为。

从自我概念的内容上看，自我意识可分为现实自我、投射自我和理想自我三个方面。现实自我也称“现实我”，是个体从自己的立场出发对现实中自我各种特征的认识，也就是个体对自己目前实际状况的看法。每个人的身体、人格、行为以及在社会中担当的角色都各有其特点，这些特点被个体所感知就形成了每个人的现实自我。现实自我纯属个体对自己的看法，主观性比较强，也是自我概念中最重要的内容。投射自我也称镜像自我，是个体所认为的他人对自己的看法，就像人通过照镜子可以投射出自己的形象一样。

2. 结构

从表现形式上看，自我意识可分为自我认识、自我体验和自我控制这三种形式。作为个体对自己的意识，自我意识不仅包含了个体对自己的认识，而且还包含了对自己的情绪体验和行为调节的功能。正如人的心理过程分为认知、情绪和意志一样，自我意识也是由自我认识、自我体验和自我控制这三种表现形式构成的统一体。

自我认识是主观的“我”对客观的“我”的认知与评价，包括自我感觉、自我观察、自我印象、自我观念、自我分析、自我评价等，它所涉及的主要是“我是一个什么样的

人”“我为什么是这样的人”等问题。自我体验是主观的“我”对客观的“我”产生的情绪体验，主要包括自我感受、自爱、自尊、自信、自卑、责任感、义务感、优越感、荣誉感、羞耻感等，它所涉及的主要是“我这个人怎么样”“我是否满意自己或悦纳自己”等问题。自我控制是个人对自身行为活动的调节和控制，包括自立、自主、自制、自强、自卫、自律等，它主要涉及“我如何有效地调控自己”“我如何改变现状，使自己成为理想中的我”等问题。在一个人的自我意识中，自我认识是基础，由此产生自我体验，并进而实现自我控制。同时，在自我体验的推动下，又可以增强自我认识和自我控制。这三种表现形式的有机结合、互相影响、互相促进，就构成了一个人完整的自我意识。

（二）消防救援人员自我意识的一般特征

消防救援队伍是以从事消防救援活动为职业的特殊群体，受职业特点和队伍特有的生活方式的制约以及青年消防救援人员的年龄、阅历等特点，其自我意识既有积极的一面，也有消极的一面。

1. 消防救援人员自我意识的积极表现

一是独立意向迅速发展。青年消防救援人员的独立意向迅速发展，有了成人感和对自己独立的要求，努力以成人的风度、姿态活跃在社会舞台上，凡事都想争个高低，好表现自己，敢于发表自己的见解，喜欢探索。在生活上要求独立，对家长或领导的过分关心有时会产生反抗。

二是注重对自我的评价。随着自我发现，青年消防救援人员愈加注重自身及他人对自己的评价。他们开始通过自我观察、自我体验和自我总结，较为全面地分析自己的优缺点，估量自己之所长，以确定自己相应的抱负和期望。由于自我评价的成熟，青年消防救援人员能对自己正确的行为感到“问心无愧”，对自己不正确的行为感到不安而加以克制，对周围人给自己的评价表现出关注和敏感。

三是有较强的自尊心。自尊心是对自我认可程度的体验，是个体因自身的价值、在群体中的地位而肯定自己、接纳自己的体验。它是青年消防救援人员要求他人尊重自己的言行和人格，维护一定的荣誉和社会地位的自我意识倾向。多数青年消防救援人员都有强烈的自尊心，表现出好胜、好强、信心十足、不甘落后。

2. 消防救援人员自我意识的矛盾

一是“理想我”与“现实我”的矛盾。青年消防救援人员有自己的生活目标、事业理想、个人抱负，这些构成了他们为自己设定的“理想我”。与之相对立的是他们对实际状况的看法，即“现实我”。入队前，他们对消防救援队伍有强烈的向往和丰富的想象，这有利于激发他们献身消防救援事业的积极性。但这种“理想我”往往要高于“现实我”。当他们发现现实生活中的自己和想象中的自己有较大差距时，通常会陷入痛苦之中，内心感到不安，由此形成心理矛盾。

二是独立与依附的矛盾。青年消防救援人员入队后，独立意向迅速发展，产生成人感，渴望独立。由于消防救援队伍是高度集中统一的专业救援集体，严格的纪律性要求消防救援人员服从命令、听从指挥，因此青年消防救援人员容易与上级领导发生矛盾。另外，他们在心理上却依赖成人，对一些问题常常犹豫不定，无法真正做到人格上的独立。这种独立与依附的矛盾总是困扰着他们，使青年消防救援人员经常处于左右为难的境地。

三是闭锁与开放的矛盾。青年消防救援人员需要友谊，渴望理解，寻求归属和爱。他们经常通过各种形式，与同龄人分享苦与乐。另外，他们又存在自我封闭的趋向，与人交往常存有戒备心理，或是有意无意地保持一定距离，诱发孤独感的产生。

二、消防救援人员健全自我意识的途径和方法

自我意识是否健全，没有绝对的标准。一般说来，自我意识健全的人应当具有以下特点：有自知之明，既知道自己的优势，也知道自己的劣势，能正确地评价自我；自我认识、自我体验和自我控制是协调一致的，能够在客观理智地认识自我的基础上，合理约束自己的情感和有效控制自己的行为；具有独立的自我，积极地肯定自我，并与外界保持协调一致；理想自我与现实自我相统一，有积极的目标意识并以此为动力不断地发展自我；具有内省意识，即能够通过反思，对自我进行再观察、再认识，进行自我监督和自我教育。消防救援人员培养健全的自我意识，可以从以下三个方面进行。

（一）正确地认识自我

正确地认识自我是培养健全的自我意识的基础。一个人只有对自己有一个比较全面、客观的认识和评价，才能正确地指导自己的心理活动及其行为表现，协调好社会生活中的人际关系，扬长避短，不断地发展和完善自己。一般地讲，人对自我的认识和评价很难做到各方面都恰如其分，容易出现过高或过低地估计自己的倾向。

1. 掌握正确认识自我的社会尺度

人总是在一定社会中生活，对自我的认识也不能脱离一定的社会实际。正确地认识社会和人生的意义，是正确认识自我的前提。如果不懂得社会发展的客观规律，不能正确理解人生的意义，在认识和评价自我时就找不到合适的社会尺度，甚至以错误的尺度去度量自我，就可能做出消极的结论。作为一名新时期的救援骨干，应当学会用历史唯物主义的观点去考察社会和人生，以正确的世界观和人生观来指导自己。

2. 通过不同的渠道和途径来认识自我

人对自我的认识不是天生的，而是在社会实践活动中借助于一定的参照系逐渐形成的。具体的渠道和途径有以下四种。

一是通过自己与他人的比较，特别是与自身条件相似的人作比较来认识和评价自己。对自己的素质、能力等方面的认识和评价，一般就是在与他人的比较中做出的。这种比较应从多个角度、多个侧面来进行，既要和比自己优秀的人相比，也要和比自己稍差的人相比，这样才能既看到自己的长处，又看到自己的短处，客观、全面地认识自我。

二是通过他人对自己的态度来认识和评价自己。他人对自己的态度，是自我认识和自我评价的一面“镜子”，人们可以从中看到自己的“形象”，为认识和评价自己提供基础。

在借助于他人的态度来认识自己时，主要应考虑大多数人经常的、稳固的、比较一致的态度，这样的态度能比较真实地反映自己的情况。

三是通过对自己活动结果的分析来认识和评价自己。人们改造客观世界的活动，反映了人自身的能力、素质等各方面的状况。对自己活动结果的分析，也是认识和评价自己的途径之一。

四是通过对自己心理活动的分析来认识和评价自己。一个人的自我认识和评价既受客观因素的影响，也受主观因素的制约。实践证明，人的自我认识和评价并不完全以他人的态度或自己活动的结果为根据，还取决于自己的心理结构、自我理想、自我要求等主观因素。

（二）积极地悦纳自我

个体在正确认识自我的基础上，还应当积极地悦纳自我，这是培养健全的自我意识的核心和关键。悦纳自我也就是积极地接纳自我，它指的是一个人通过认识自我、了解自己所具有的各方面特征后，对自己的本来面目持认可、肯定的态度，无条件地接受自己的一切。一个人既有长处又有短处，既有优势又有劣势，既有成功又有失败，对自身现实的一切都应当积极悦纳。要在自我悦纳的基础上，培养自信、自立、自强、自主的心理品质，不断地发展自我、完善自我。与悦纳自我相对立的情感体验是自我排斥，即当一个人对自己的某些特征不能接纳时，就会以虚构的自我来自欺欺人或者消极回避自身的现状，甚至以哀怨、忧愁和厌恶的心理来否定自己。

金无足赤，人无完人。一个人总是既有长处、优点，也有短处、缺点。正确对待自己的短处和缺点，正视它的客观存在，以冷静和理智的态度接受这一现实。不要害怕承认自己的短处和缺点，坦然面对。当他人指出自己的错误并且符合实际时，要愉快地接受它。人们不能或不愿接受自己的短处和缺点，往往是由于某些私心杂念或虚荣心在作怪，要注意克服其消极影响。以积极的态度寻求弥补短处、克服缺点的办法。人的短处可分为两种。一种是可以改进的，比如不良的性格、习惯等，对这些短处要有闻过则改的精神，注意在实际工作和生活中逐渐加以改进。另一种是无法补救的，比如某些人存在着生理上的缺陷等，对这些短处也要有勇气承认它，可以另寻途径，扬长避短，消除其对自己的不利影响。

正确对待自己的短处与缺点，对消防救援人员而言显得尤为重要。队伍生活在各方面对消防救援人员都有着非常严格的要求，在这些要求面前，消防救援人员的某些短处与缺点较为容易暴露。有人讲，消防救援人员是在批评中成长起来的。这些批评实际上也就是在指出自己的短处和缺点。无论是自己认识到的，还是别人指出的，消防救援人员都应当以积极悦纳自我的态度来对待它，并通过努力去克服它。如果讳疾忌医，有什么短处和缺点尽量捂着盖着，或者把缺点、短处当成包袱背起来，自暴自弃，不仅有碍于自己的成长进步，还可能导致自身在队伍生活或训练中发生问题。

（三）有效地控制自我

自我控制是个体主动地按照一定方向改变自我的心理品质、特征和行为的活动，是主动地改变现实自我以达到理想自我的过程。自我控制强调的是发挥个体的主观能动性，它是健全自我意识、完善自我的根本途径。一个人的成长和进步，固然要受先天素质和社会环境的影响，但更主要的是靠后天的勤奋努力。

自我控制能力强的人，能充分利用一切有利的条件，克服不利条件，甚至把不利条件转变为有利于其成长发展的条件。顺境逆流，都能够依靠自我控制和调节，使自己始终如一地朝着目标奋进。自我控制能力差的人，则完全听凭客观环境的摆布，缺乏内在的主动性，在理想自我与现实自我的差距和矛盾面前，既没有改变现实的决心，也缺乏实现理想的勇气，在生活中往往是弱者和失败者。个体要有效地控制自我，主要取决于以下两个条件。

1. 有积极的目标作为行动的方向

目标是人自觉行动的前提，也是人们活动所追求的结果。没有目标，一个人的行动就会无所适从，也就谈不上自我控制。自我控制要解决的是“自己应该做一个什么样的人、如何去做这样的人”的问题。救援人员要为完善自我、发展自我确立一个正确的并合乎实际的目标，也就是要使自己的理想自我有一个合理的定位。一是应当根据国家、社会、队伍发展的需要，为自己的人生发展制定一个远期目标，它是人生要达到的主要理想。二是要从自身的实际出发，把远大的理想分解为一个个近期要实现的具体目标，这样才能使远大的理想由近及远、由低到高逐步实现。

2. 有坚强的意志作为保证

个体能够自觉地控制和调节自己的心理状态和行为活动，以达到预定的目标，必须依靠意志的保证作用。只有意志坚强的人，才能做到对自我的有效控制。消防救援人员的成长过程，就是一个不断战胜困难、实现预期目的的意志行动过程。没有坚强的意志，就不能成为一名合格的消防救援人员，也无法完成各项任务。良好的意志品质不是先天就有的，也不是自然发展形成的，而是在与艰难困苦做斗争的过程中逐渐培养和锻炼出来的。

总之，要正确地认识自我，积极地悦纳自我和有效地控制自我，形成个体健全、良好的自我意识。有了良好的自我意识，掌握人生的主动权，才能够不断地完善自我，走向成功。

习题

1. 什么是需要？结合实际谈谈如何引导和调节消防救援人员的需要。
2. 什么是动机？结合实际谈谈如何培养和激发消防救援人员树立正确的工作动机？
3. 什么是气质？理解人的气质差异对实践活动有何意义？
4. 什么是性格？试分析你自己的性格特征。
5. 如何培养消防救援人员健全的自我意识？

第三章　消防救援人员的集体心理

消防救援队伍是一个高度集中、组织严密的集体，具有明确的集体目标，完善的组织体系，严格而自觉的纪律规定，和谐的集体人际关系，健康的集体舆论，共同的理想、信念、世界观。消防救援人员集体的特殊性，加速了消防救援人员个体的社会化过程，促进了集体凝聚力的形成。研究和探讨消防救援人员集体心理的特点和规律，对加强消防救援人员集体建设和各级组织建设，提高消防救援队伍救援效能具有重要意义。

第一节　概　　述

消防救援集体是集体的一种特殊形式。集体由群体发展而来，是群体的最高形式。消防救援集体是为了实现有公益价值的社会目标，按一定编制组织起来的、有严密的组织纪律和心理亲和力的群体。

一、集体心理

（一）集体的定义及特征

集体由群体发展而来，是群体的最高形式。人的社会本质决定了人必须在一定群体中生活。个人在群体中活动的目的是多种多样的，有的为公，有的为私。因此，我们还不能把群体叫集体。集体是指一个有组织的群体，其成员是为了实现共同的社会目标而组织起来的，有集体的领导人，有共同的心理特征的人们的结合体。苏联教育家马卡连柯对集体很有研究，他说，集体是有一定目的的个人集合体，同时也拥有集体的机构。

集体较之于其他的群体具有自己的独有特征。一是集体的目的性。集体是为了达到一定的、为社会所赞同的目的而组成的联合体。集体的活动具有符合社会发展的需要，与社会的根本利益一致的特性。二是集体具有严密的组织纪律性。个体参加集体的活动，遵守集体的纪律应是自觉自愿的。集体中的个人为了共同的社会目标而努力奋斗，个人之间的关系无高低贵贱之分，只有分工不同的同志式关系。三是集体成员具有共同的思想道德标准，密切的心理沟通。并在此前提下，集体成员的个性都能得到充分全面的发展，物质需要和精神需要都得到合理的满足。四是集体有集体意志的代言人或领导者。

（二）集体心理构成

集体心理就其根本来说是在一定的社会历史条件下形成的。具体地说，它主要受两类因素的影响。一是共同的劳动条件和任务。人们的个体心理品质与社会心理品质的相互关系。人们的兴趣和社会接触的多样性。二是对劳动条件和共同活动的结果满意程度。对自己在集体中的处境满意程度，对自己与集体成员的交往满意程度。集体心理的内容概括起来大致表现为以下三个方面。

1. 集体意识

集体意识主要包括集体的社会目的、集体道德标准体系、集体舆论等。其中集体道德标准体系是集体意识的核心。

2. 集体情绪

集体情绪有巨大的组织力量。在良好的情绪下，集体是朝气蓬勃的，几乎感觉不到疲劳。在压抑的情绪下，集体的积极性则显著下降，表现出谨小慎微，疲劳不堪。集体越是团结，集体情绪的这些特征表现就越突出。

3. 集体行为

集体行为是在集体意识和集体情绪之上要达到一定的社会目的所采取的各种活动。

二、消防救援人员集体的心理特征

消防救援人员集体心理是消防救援人员个体在共同活动中表现出来的有别于其他群体的价值观、倾向性、态度体系和行为方式的总和。消防救援人员集体心理是在个体心理基础上产生的，主要通过集体与个体的关系、共同活动的整合、集体舆论压力、感情生活的联动、密切交往和人际沟通等心理层面表现出来。消防救援人员的集体同其他集体相比，其心理特征主要有以下四个方面。

(一) 以集体活动为中心的凝结性

消防救援人员生活在这个集体里，无不打下“集体”的烙印，从起床、早操、操课、训练到熄灯就寝，无时无刻不处在集体之中。因此，以集体活动为中心，成为消防救援集体最重要的特点。人与人之间地理位置越接近，越容易自然发生人际交往关系；人们相互交往的次数越多、频率越高，越容易形成共同的经验、共同的话题、共同的感受，越容易建立密切的人际关系。消防救援人员的活动是消防救援队伍之外的其他任何群体都不能比拟的。这种时空上非常接近的因素，成为消防救援人员之间能够形成亲密无间战友关系的、十分有利的客观外在条件。

(二) 消防救援人员心理互动的平等性

在消防救援队伍中，不论职务、衔级高低，不论是指挥员还是消防员，政治上一律平等。消防救援人员无论来自改革开放前沿的经济发达地区，还是处在发展相对落后的经济贫困地区；无论来自农村，还是来自城镇，没有高低贵贱之分、亲疏远近之别，他们情同手足、亲如兄弟。这是因为消防救援人员都是为了国家消防救援事业这个共同的目标而结合到一起的，任何基层单位和个人的具体目标，都是这个大目标的具体化。在消防救援人员之间没有根本的利害冲突，大家的根本利益是一致的。这就决定了彼此的交往，在任何时候、任何地点，都是平等的。消防救援人员一致的平等性交往，有利于消防救援人员心情舒畅、身心健康，有利于增强消防救援队伍的凝聚力。同时，会使每名集体成员不会感到权力的压力和威胁，彼此尊重，相互关爱。消防救援人员交往的平等性对于形成集体内部的团结，具有十分重要的意义。

（三）一切行动听指挥的服从性

消防救援人员以服从命令为天职。在消防救援队伍内部，下级必须服从上级，这是消防救援队伍的铁的纪律，也是消防救援队伍夺取胜利、完成各项任务的保证。有严密的组织系统和铁的纪律，是消防救援集体区别于其他集体的一个显著特征。消防救援人员的共同活动既体现民主和平等，也体现集中和服从，因而消防救援集体的行动无不打下“服从”的烙印。消防救援集体行动的服从性与平等性并不是相互对立的。服从性主要体现在工作关系上，是正式组织意义上的等级关系，并非情感性的。消防员必须要听从指挥员的指挥，下级服从上级的指挥和领导。但是这种服从不是被动的，消防员只有感到在政治上平等，在人格上受到尊重，才会自觉服从命令、听从指挥。指挥员的热情、关怀和支持的态度，能获得消防员的好感、拥护。消防救援队伍多年来形成的优良传统，是消防救援人员进行健康人际交往、加强集体建设的重要基础。

（四）以地缘情感为纽带的非正式交往

以地缘情感为纽带的非正式交往也就是同乡交往，是基层消防救援队伍非常普遍的现象。水是故乡甜，人是故乡亲。老乡见老乡，两眼泪汪汪。由于同乡之间有共同的地方语言，有比较一致的风俗习惯，有相同的对故乡留恋的情感，因而在感情上容易沟通交流，从而建立起同乡型非正式群体。同乡型非正式群体在消防救援队伍是客观存在的。它既可能对队伍建设产生积极的作用，也可能对队伍建设产生消极的影响。因为同乡型非正式群体内的成员是自愿、自由结合在一起的，是非权力结构，同乡队友间情感相悦，交往频繁，互相谅解，友好合作，无话不说，并且一般都感到同乡队友的话更可信，尤其是同乡型非正式群体中的核心人物在群体中的威信较高。如果对同乡型非正式群体引导得好，使同乡人员之间在思想、工作和生活上互相帮助、互相鼓励、互相竞赛，则会促进消防救援队伍的巩固和建设，有些思想工作让同乡队友去做，可能比让指挥员去做效果还好。同时，如果对同乡型非正式群体不加正确引导，极易产生狭隘的老乡观念，拉帮结派，感情用事，形成不符合集体的小圈子，破坏组织原则，破坏队伍的团结和稳定。因此，正常的同乡交往无可非议，但也无须提倡这种同乡关系的发展，特别要加强对同乡型非正式群体的引导，使同乡之间不拉拉扯扯、吃吃喝喝；不利用职权、违反组织原则为同乡办私事。提倡同乡有缺点时多提醒、多帮助，不为之掩饰和袒护；同乡发生违法乱纪行为，应严肃劝告，及时报告，决不纵容和包庇。

三、消防救援集体心理对个体的作用

消防救援人员在集体中的心理反应和行为表现受集体心理的影响而发生变化。20 世纪 20 年代，美国心理学家奥尔波特的一系列实验研究证明，一个人若与他人共同从事一项工作，与他独自单干相比，有时效果好，有时效果差。这就说明个体活动受集体的影响。集体心理一旦产生，就对每个消防救援人员形成不同程度的影响。社会心理学在这方面作了许多研究，对我们很有启示。

（一）社会助长作用

有人在场或者许多人在一起共同工作的效率高于单独工作的效率，叫社会助长作用。社会助长作用具有三种心理效应。

1. 结伴效应

个体在与他人共同从事某项工作时，他的工作效率有所提高。许多人有这样的体会，干活时，如果和几个人合伙干，干劲就大，也干得快些。早在1897年，美国学者特里普利斯在现场实验中发现，自行车选手在独自一人骑车时，平均时速约为39 km，但在结伴不比赛的情况下，平均时速可达50 km。这就是社会助长作用的结伴效应。

2. 观众效应

观众效应是指他人在场或有参观者时，被观察者的工作效率也可能有所提高。1904年，社会心理学家茅曼最早发现了这种效应。他是在做肌肉努力和疲劳实验时无意中发现的，当主持实验的人在房间里时，被试举重的速度快一些，掷得远一些。另一位学者，美国心理学家达希尔对哈佛大学学生的追踪研究也证明，学生在有观众的情况下做乘法时会更快更好一些。

3. 竞赛效应

在集体中共同活动，如果明确给双方提出竞赛的要求，双方的活动效率可能会比平时高一些。这种现象叫竞赛效应。

当然，社会心理学的研究结果还证明并不是在所有情况下，集体对个人活动都产生社会助长作用，有时也会产生社会干扰作用。那么，究竟在什么样的情况下会产生社会助长作用呢？研究表明应具备下列客观和主观条件。

客观条件方面。一是个体在集体中所从事的活动是比较容易的。当任务或活动比较简单时，多人共做或他人在场的工作效率优于个人独做。二是有些任务或活动在客观上更适合大家合作。比如有些流水作业，集体共做就比个人完成全部流程的效率要高得多。三是旁观者身份越高、人数越多，人们完成比较简单的工作效率就越高。该结论出自1970年德国心理学家吕克的实验。

主观条件方面。一是在集体活动中，他人在场或共同从事某项工作，人们会有意无意地产生一种隐含的竞争意识。这种竞争意识就可以导致工作效率的提高。正如马克思指出："在大多数生产劳动中，单是社会接触，就能引起竞争心和特有的精神振奋，从而提高每个人的工作效率。"二是他人在场还会唤起其正在评价的想法。由于人们具有自尊自爱等需要，总希望自己在他人面前表现出成绩，以显示自己是有能力的，因此，个体对他人评价的期待就能促进自己把事情办得更好。如果是从事简单熟练的工作、学习、作业等，就会完成更好。如果是难度较大的工作，可能会有相反的情况发生。三是一般来说，性格外向、活泼灵动的人，他人在场或与人共做时，活动效率较高，受到社会助长作用的影响较大。

（二）社会惰化作用

社会惰化作用也称社会逍遥，指个体与集体一起完成一件事情时，个体不出全力的现象。社会心理学家通过一系列的实验、研究揭示，社会惰化作用在现实社会生活中是普遍存在的，不仅存在于宣扬个人主义文化的西方国家中，同样存在于强调集体主义的一些东方国家中。中国在改革开放前，实行计划经济，从农村到工厂都有过“出工不出力”的现象。

社会惰化作用产生的原因是个体与集体一起从事某件事情时，个人的评价焦虑减弱，使个人在集体中的行为责任意识下降，行为动力也相应降低。如果个体在集体中的行为效率可以被鉴别，或是对个人行为付出可进行单独测量，个体即使与集体一起活动，也不会有社会惰化作用存在。人们在单独测量中保持了足够的评价焦虑，从而激发了行为的动机。此外，在集体活动中，以整体成功为目标的奖励引导，集体提倡发扬团队精神，给予了个体切实的信任感、参与感和责任感，都会有助于减少社会惰化作用。

（三）个体意识消退和社会顾虑

个体意识消退是指个体在集体中，失去个人意识，而把个体等同于集体，把个人行为当作集体行为，在集体中做出个人独处时不敢做的事，这种现象在社会心理学中被称为“去个性化”。在社会情境中，出现骚乱闹事的突发情况时，个体往往难以意识到自己的行为后果，自我控制降低，个体的责任感丧失，出现行为冲动，将自己的行为混同于集体行为，从而产生违反社会准则的行为。

一些学者认为，个体意识消退主要有两种原因。一是集体成员的匿名性，在集体行动时，由于个体淹没在集体之中，个体间辨认性低，遵从社会规范的压力会减少，从而做出违反社会规范的行为。二是责任的分散性，个体独自行动时，一般都能从伦理道德、社会规范等方面考虑自己的行动，意识到自己的责任。但是当个体置于集体之中，责任就会由个人承担分散开来。大家一同做了违反常规的事，个体被发现和受罚的机会相对要小，人们在这种情况下的心理状态是“法不责众”，致使个体责任感在某种程度上受到减弱或丧失。

社会顾虑是指个人在集体大众面前由于感到不自在，受拘束，其行为表现与私下时不尽相同。例如，集体中有些人平时与朋友在一起闲聊，口若悬河，可到小组讨论或在大会发言他就言语不多甚至词不达意。这可能是因为社会顾虑的影响。

社会心理学家把人们在大众面前感到拘谨、不自然的行为表现现象称为社会顾虑。社会顾虑的程度因人而异，一般性格内向的人比性格外向的人社会顾虑的特征要明显。有的学者认为，这主要与个体在儿童时期所受到的父母教育方式以及后来的社会阅历、经验等有关。总之，社会顾虑倾向是集体情境下个体心理效应的一种。

第二节　消防救援集体中的人际关系

消防救援集体中的人际关系是消防救援人员岗位角色关系的强大心理支撑，是形成消防救援集体的团队精神、救援士气的心理前提和基础，同时也是促进消防救援人员个体社会化、保持心理健康发展的必要保证，对消防救援集体的建设和消防救援人员的成长起着不可替代的作用。

一、消防救援人员人际关系的功能和作用

消防救援人员人际关系是在交往活动中形成的人与人之间的一种心理关系和相应的行为模式。消防救援人员人际关系具有多方面的功能和作用。

（一）促进消防救援人员的社会化

消防救援人员角色的养成离不开人际关系，以他人为镜来认识自己，通过他人的经验来获取间接的社会知识，在与他人的交往互动中了解集体的规则。消防救援人员在人际交往中，对规章制度和道德规范进行传递、解释、监督和执行，并内化为自身的纪律观念和道德品质，从而出色地塑造良好角色，成为合格的消防救援人员。

（二）形成良好的集体心理气氛

集体心理气氛是促进或阻碍集体的共同活动和集体内个人发展的心理因素的总和。消防救援人员在人际交往中的相互理解、信任、关心和友爱，会形成良好的集体心理气氛。在这种气氛下，消防救援人员个体的归属需要得到满足，产生稳定乐观的情绪体验，对集体更加热爱，愿意为集体发展承担责任，努力使集体保持稳定、融洽、高效而有序的状态，进而提高集体的救援效能，维护集体的荣誉与尊严。

（三）有利于消防救援人员的心理健康

心理学研究认为，个体如果缺乏与别人的交往，缺乏良好的人际关系，久而久之就会出现诸如封闭、孤僻、退缩、焦虑、压抑、冷漠、敏感、难于合作等性格缺陷，会对人的心理造成严重的伤害。良好的人际交往，可以为个体带来心理上的安全感、提供意义上的支持、理顺情绪宣泄的渠道、增强给予他人关爱和帮助的能力，有利于心理健康水平的提高。

（四）有助于获取知识信息

“独学而无友，则孤陋而寡闻。”人在成长中，不仅通过个人的直接经验进行学习，更多的是通过他人的间接经验进行学习。我们常说，你有一个烦恼，我有一个烦恼，彼此分享，每个人只有半个烦恼；你有一种思想，我有一种思想，彼此分享，每个人就有了两种思想。消防救援人员之间的交往内容广泛、渠道直接、速度快、体验深，加强交往可以获得很多书本上学不到的人生经验、价值思想、情感经历和个性化信息。

二、影响消防救援人员集体人际关系的心理因素

（一）人际认知的心理效应

人际认知是对人的各种人格特征的认知。人们在交往中彼此的感知、理解、判断往往直接影响对被认知对象的印象和好恶感觉，从而进一步影响人际关系。人际认知容易受各种主观因素的渗入和干扰，产生各种人际认知的心理效应。

1. 首因效应

首因效应也叫第一印象，指第一次形成的印象对人际认知的强烈影响。第一印象不管正确与否，总是最鲜明、最牢固的，往往影响着以后的交往，在评价对象时起着重要的作用，甚至会使人忽略以后获得的相反的信息。刚成为消防救援人员、刚到一个新的部门、刚任职一个新的岗位时，尤其要注意个人的形象和表现，避免因为最初的疏忽而影响了以后的发展。同时也要提醒自己不要受第一印象的影响而对他人产生偏见，要长期、全面、发展地去认识人、评价人。

2. 近因效应

在人际认知活动中，尤其是与熟悉的人进行交往时，最近的印象对人的评价也起着重要作用。消防员最近给指挥员留下的印象，容易使指挥员改变对消防员的看法，常常表现为指挥员因消防员最近的一次失误而否定其之前的成绩。由于近因效应的作用，指挥员容易只看到消防员当前的表现，而对消防员做出不够全面的评价。因此，在处理人际问题时，应就事论事，不要因事废人；在对他人认知时，不能只看一时一事，要历史地、全面地看人，这样才能消除由于近因效应产生的认知偏差。

3. 晕轮效应

如果人们认识到一个人某种突出的人格品质，就把这种优点或缺点扩展泛化，倾向于认为他/她在其他方面的品质也是好的或坏的，就像有一种积极或消极的光环在笼罩着他/她一样。这就是晕轮效应，或称光环效应。俗语中讲的“情人眼里出西施”，说的就是一种晕轮效应。我们认为一个人好，他/她就被一种积极肯定的光环所笼罩，并被赋予更多的好的品质；相反，我们认为一个人坏，他/她就被贴上一个消极否定的标签，无论他/她做什么我们都认为他/她一定是没做好事。

4. 刻板印象

刻板印象是指对于某一类人产生的一种比较固定的、类化的看法。比如，我们一般认为山东人豪爽正直、吃苦耐劳，江浙人聪明伶俐、随机应变；农民质朴真诚、商人唯利是图；男性勇敢坚强、豪爽大方，女性柔弱怯懦、斤斤计较；青年人冲动冒失、欠缺稳妥，老年人保守顽固、不思进取。诸如此类的看法并不是真实的，都只是人脑中刻板、固定的印象而已。我们在认识他人时，常常先把其归于某一类人，再根据我们头脑中对这一类人的固有认识来判断对方。这种先入为主的看法可能在对具体的人的认识过程中出现偏差。只有意识到刻板印象的影响，并主动纠正这种偏差，我们才能真实地、具体地了解一

个人。

（二）人际吸引因素

人际吸引就是人们之间的喜欢、尊重、友谊和爱情，是建立良好人际关系的基础。在消防救援集体内部，消防救援人员之间的私人交往也遵循着一定的规律。由于交往对象彼此间相互吸引的因素不同，使得有些人彼此成为朋友，有些人彼此关系平淡。社会心理学家在长期的研究之后，发现了影响人际吸引的一些因素。

1. 接近因素

接近因素主要指空间距离、兴趣态度、职业背景等因素的接近。俗话说“远亲不如近邻”，空间距离的接近会促进交往，我们和那些与我们工作、训练、生活地点相接近的消防员更容易成为朋友。时间上的接近也易在感情上产生共鸣，如同期毕业、同时入队的消防员会有更多的共同语言。在消防救援集体中，由于集体生活的特点导致的时空接近，使消防救援人员更容易成为情投意合的朋友。

2. 互补因素

当交往的双方在能力特长、人格特质、需要欲求、思想观念等方面构成互相补偿的关系时，也会形成良好的人际关系。因为我们容易为自己身上所没有的品质所吸引，而且容易在与自己不同的人身上学到更多的东西。与自己互补的人成为朋友，可以整合优势资源，弥补自身的缺陷，增强我们的社会适应能力。双方互补的需求越强烈，彼此的吸引力越大，越容易成为同舟共济、生死与共的伙伴。

3. 能力、品格

对于才华和能力的敬仰近乎人的天性。一般来说，人们都喜欢聪明能干的人，而讨厌愚蠢无知的人。因为与能力强的人交往，可以使我们有所依靠，少犯错误，增加学习和成长的机会。但是，如果一个人的能力过于强大，在群体中鹤立鸡群，反而使人敬而远之，不招人喜欢。相反，人们更喜欢略有瑕疵的能人，人们觉得这样的人是真实亲切的。品格在人际吸引中也起着重要的作用。品格高尚的人让人在与其交往的过程中有安全感、舒适、愉悦、被接纳，这类人也容易受人喜欢。有学者曾就友谊问题访问了4万多人，结果表明，吸引朋友的良好品质有信任、忠诚、热情、支持、帮助、幽默、宽容等11种品质，其中忠诚是友谊的灵魂与核心。有研究指出，真诚的、诚实的、忠诚的、真实的、信得过的和可靠的等品格是最受人欢迎的。美国社会心理学家阿希等人的实验表明，待人热情，乐于助人是吸引他人的核心品质。也有实验证实，喜欢他人的人最受他人喜欢。

三、社会影响

社会影响的本质是人际影响。许多社会心理学家对此进行了大量的研究，中国早期的社会心理学家孙本文先生提出：“社会心理学一方面研究社会对于个人的影响，另一方面研究个人对于社会的影响。社会和个人双方相互的影响，成为社会心理学研究的领域。”

（一）从众和顺从

1. 区别和联系

从众又称遵从，指个体由于受到群体的引导或压力，放弃自己的意见和主张。在认知或行为上表现出与多数人相一致的现象。在日常生活中，从众现象随处可见，如人们常说的入乡随俗、随大流等都属于从众行为。

顺从也称依从，是与从众行为相类似的行为。顺从行为是人接受要求或受到群体压力而表现出来的符合外界要求的行为，但并非出自内心的意愿。顺从行为有一个明显的特点是其持续的时间和他人的期望与赞许延续的时间一样长。

从众行为和顺从行为的区别在于个人的内心是否出于自愿。屈服于群体压力，放弃原先的意见，附和大家的意志，这是从众行为；保留自己的看法，只是为了符合群体或他人的期望，做出权宜性行为改变，这是顺从行为。两者的共同点都是迫于外在群体或他人的压力（或影响）而产生的相符行为。社会群体或他人的压力，主要指社会舆论、集体心理气氛和群体意识，而不是明文规定的制度法则。

从众行为和顺从行为在现实生活中都十分普遍。从众行为是个人适应社会的一种方式。任何一个有序的社会，要保持它的正常运转，执行多种功能，延续文化精神，就需要社会大多数人的观念与行为保持一致，需要共同的语言、共同的价值观与行为方式。只有这样，人与人之间才能顺利地交往，而人际的和谐又是社会安定与秩序井然的可靠保证。青年人穿流行服装、人们抢购处理商品等都是从众行为。一对恋人，女方有上街吃零食的习惯，男方不悦，为了获得女方的好感而不反对这是顺从行为；女方上街不再吃零食，这也是顺从行为。

2. 从众行为产生的原因

在社会情境中，人们常常依照获得的各种信息或参照他人的行为来决定或引导自己的行为。同时，人们还存在一种不愿意偏离集体的心理。一般集体对于保持一致的成员，集体的态度是接受、鼓励和优待；对于行为相异者，集体的态度倾向于拒绝、厌恶和制裁。偏离集体的行为会使个体处于一种与众人对立的状态，失去安全感。因此，人们出于一种自我保护的心理机制选择了从众行为。

从众行为除了上述个体的认知感受等心理原因外，也与以下四个方面的主客观原因有密切联系。

1）群体规模的大小

群体规模的大小是个体从众的因素之一。群体规模越大，人数越多，对于某一观点或某一行为越容易达到一致性，对个体的压力也就越大，个体比较容易采取从众的行为。一些社会心理学家所做的研究表明，人们的从众率是随群体人数的增加而上升的，最高的从众率约为 40%，即使一致性的群体规模再扩大，也不再导致从众率的增加。俗话说“三五成群”就是从众率的真实写照。

2）群体的凝聚力

群体的凝聚力是指群体成员相互之间吸引的程度。如果群体的凝聚力比较高，群体内成员目标一致，团结友爱，互相协助，就会对个体形成较大的吸引力，个体就容易表现出从众行为。反之，如果群体的凝聚力低，群体的一致性就低，群体的意见分歧会直接影响个体的从众行为。

3）个体在群体中的地位

个体在群体中的地位高低，与个体的从众行为有直接关联。一般来讲，群体中的新成员由于初来乍到不了解群体内部的情况，需要得到群体其他成员的认可和接纳，往往会表现出比较高的从众性。在群体内地位高的成员因为经验丰富、能力比较强，特别是因为他握有权力，可以对其他成员进行酬赏和处罚，因此，群体中地位高的成员在其他成员面前很少有从众行为。

4）个性特征和性别特征

个体的智力、自信心、自尊心以及社会赞誉需求等个性特征与从众行为有密切关系。智力低的人，接受信息比较慢，思维较迟钝，自信心和自尊心较低，容易产生从众行为。中外心理学者研究发现，自信心、自尊心强的人，自我评价比较高，从众性比较低。自信心越强，自我评价越高，从众性则越低。

20 世纪 60 年代，一些心理学家在实践中发现女性的从众行为高于男性。这种发现多年来被一些学者作为一种证据而接受。然而，后来的学者对这一结论提出了质疑，认为过去的实验研究之所以得出女性比男性更容易从众的结论，是因为实验的材料大多为男性所熟悉而为女性所生疏。其后选择了一些对男女均适用的材料，比如政治、足球、服饰、烹调、儿童护理等，重新进行实验，结果表明女性和男性在各自不熟悉的材料上，都表现出较高的从众倾向；而在那些熟悉程度相仿的实验材料上，从众比例差别很小。由此可见，从众行为在男女之间不存在差异。

（二）服从

服从是指个体按照社会要求、群体规范或他人意志而产生的行为。服从是人与人之间发生相互影响的基本方式之一，也是一种普遍存在的社会心理现象。服从行为是在外界压力下被迫发生的。受外界压力而产生的服从主要有两种类型。一种是在一定的有组织的群体规范影响下的服从，如遵纪守法、按规章制度办事；另一种是遵从权威人物的命令而产生的服从，如听从调配、下级服从上级等。美国社会心理学家米尔格莱姆于 20 世纪 60 年代根据人的心理特征，在耶鲁大学进行了著名的“权威—服从”实验。研究表明，人们倾向于服从权威的命令、要求。

服从是人类社会运行中必须具有的，主要有两大因素会影响到个体的服从行为。

1. 合法权力

合法权力是社会赋予角色关系的一方以职位、权力以及影响力，从而使另一方认为自己应当服从。老师要学生回答问题，学生就必须回答；交通警察要求司机停车接受检查，司机就必须将车停到路边。由于社会角色的规定，一部分人处于社会结构中的特定位置，获得了命令、要求另一部分人的权力，而另一部分人必须采取服从的态度与行为。

2. 个性特点

人的个性特点会直接影响到他的服从行为。社会心理学家研究证明，个体的服从行为与其独立判断能力、道德水平直接有关。个体如果有比较高的独立判断能力和道德水平，对自己将要实施的行为就会慎重思考。如果行为的结果是无损于社会和他人的，他就会积极服从。一旦个体了解到自己行为产生的消极后果以及给他人带来伤害和痛苦，便会拒绝服从。在服从领导或服从权威的问题上，要注意反对盲目的服从，对于来自领导或权威的失掉原则的、错误的命令盲目服从会产生消极的作用，甚至导致恶劣的后果，不利于社会的进步和发展。

四、暗示、模仿和感染

社会影响对个体或群体的态度和行为都会产生很大的作用，其实现的方式有许多种，暗示、模仿和感染就是其中一部分，它们是人际间互相影响、互相作用的重要方式。

（一）暗示

暗示是在无对抗的条件下，以含蓄、间接的方式发出某种信息，对他人的心理和行为发生影响，从而使他人按照一定的方式去行动或接受一定的意见、思想。暗示是社会影响的主要形式之一。

暗示是以无批判的接受为基础的一般不付诸压力成分的提示。暗示可以通过语言的形式进行，也可以通过非语言的形式进行，如通过动作、表情或者某些符号。开会时，有人吸烟，反感吸烟的人如果挥手驱散飘来的烟雾，这是动作暗示；如果皱眉蹙额，这是表情暗示；如果对吸烟者说闻烟味与吸烟同等量受害，这是言语暗示。这些动作、表情、语言都是用间接的方式要求吸烟者在公众场合停止吸烟。有的会议室门口贴有禁烟的标志，这可以说是符号暗示。

社会心理学家根据暗示的性质，将暗示分为他人暗示、自我暗示和反暗示。

1. 他人暗示

暗示信息来自他人，称为他人暗示。他人暗示又包含直接暗示与间接暗示。

直接暗示就是由暗示者把事物的意义直接提供给受暗示者，使之迅速而无意识地加以接受。直接暗示的特点在于直接性，它一般采用直接式的说明受暗示者不容易对信息产生误解。

间接暗示就是暗示者以其他事物或行为通过中介传递某一事物的意义，使人迅速而无意识地加以接受的。间接暗示发出的信息比较含蓄，有时候可能不被他人理解，但因其间接的特点，一般不会使接受者发生心理抗拒。间接暗示对人们行为的控制作用往往大于直接暗示。一个人到同事家闲聊，坐得很晚，屋主频频看表，暗示时间不早，要休息了，客人接受暗示，只好起身告辞。

2. 自我暗示

自我暗示是依靠思想、语言，自己向自己发出刺激，以影响自己的情绪、情感、意志和行为。自我暗示在日常生活中也是一种十分普遍的现象。中国成语“杯弓蛇影”“草木皆兵”的故事都是自我暗示的绝好说明。

自我暗示可分为积极的自我暗示和消极的自我暗示。积极的自我暗示是指用一种积极进取的思想、语言不断地进行自我提示，使心情开朗、意志坚决，使本来难以克服的困难得到克服。有的学生在考数学时，遇到一道难解的题，反复提示自己“不要慌，这种类型的题做过多次，多考虑几种方式……”，最终难题被攻克。

消极的自我暗示则是用消极思想、语言不断地进行自我暗示，对身心状态产生不利影响，严重的可以使人的精神情绪失常。比如成语中“杯弓蛇影”“草木皆兵”的故事就是消极的自我暗示。

3. 反暗示

反暗示是指暗示者发出刺激信息后，却引起了受暗示者性质相反的反应，即故意说反话以达到正面的效果。军事上的“声东击西”“欲擒故纵”“请将不如激将”，辩论时的“正话反说”等都巧妙运用了反暗示方法中的“以反达正”。在消防救援队伍经常性思想工作中，有时在多次正面引导效果不明显的情况下，运用反暗示会很快奏效。反暗示一般对自尊心比较强、性格外向的人能够产生效果，而对敏感多疑、性格内向的人，则不宜采取这种方法。

（二）模仿

模仿是指个体在没有外界控制的条件下，受到他人行为的刺激影响而引起的仿照他人的行为，使自己的行为与之相同或相似。模仿也是社会影响的主要形式之一。

模仿是普遍存在的一种社会现象，模仿可以是自觉的，也可以是不自觉的，从个体对他人的衣、食、住、行到生活方式、工作方法、习惯动作以及言谈举止等都存在着模仿。成语故事里的“邯郸学步”“东施效颦”都是自觉的模仿。生活中也有许多不自觉的模仿，如子女与父母自小生活在一起，对父母的一些习惯动作加以模仿。

在模仿过程中，模仿者是主动的，在许多场合中是有意识的、自觉的，其行为不受外界力量的控制或强迫。与模仿者相比较，被模仿者一般是被动的、无意识的，也就是说被模仿者发出的刺激信息不受他本人控制。

模仿分为自觉的与不自觉的，又称为有意识的与无意识的。无意识的模仿无所谓动机，有意识的模仿存在着各种强度不同的动机。最常见的模仿动机有以下三种。

1. 兴趣

在社会生活中，因为感兴趣而模仿的现象比比皆是。看到某些特别的行为，或者从各种媒体中接触到感兴趣的人物的行为动作，个体会产生模仿的心理冲动。因为感兴趣进而发生模仿，模仿者不一定对行为的意义有清楚的了解，因此有可能模仿消极的，甚至是有损于他人或社会的错误行为。

2. 认同

优秀的人因为高尚的品德、渊博的知识、卓越的才干受人敬重、仰慕，他们在社会中享有较高威望，容易受人模仿。模仿者可以模仿其品质、风度、行为、声音乃至于爱好、笔体。而在我们消防救援队伍中宣扬的典型人物，其行为会受到队员模仿，且离身边越近，越容易被模仿。

3. 适应

人们初到一个陌生的环境或者面对突如其来的事件、新出现的事物、新的行为规则等，由于缺乏清楚认知，常常要借助模仿其他个体或群体的行为以达到适应，不使自己显得怪僻或落伍。在适应的过程中再认识模仿行为的意义和价值，从而调节自己的行为。新消防员入队后大多是运用模仿来适应的。

（三）感染

感染是一种社会影响的方式。感染是指个体的情绪反应受到他人或群体的语言、表情、动作及其他方式的影响，引起个体无意识的、不由自主的相同情绪反应和行为遵从。感染主要通过情绪来传递。一个对古典音乐有一定感悟的人，如果在工作上遇到了一些困难或挫折，心情郁闷，回到家里听听贝多芬的《英雄》交响曲，就会使胸中的沉闷得到释放，心情逐渐舒缓下来。电视剧《士兵突击》收视率特别高的原因之一在于，剧中对各人物角色刻画得入木三分，“不抛弃、不放弃”成为当代集体主义的真实写照，具有强烈的感染力，使观众感到振奋和欣喜。

感染具有以下三个方面的特征。

（1）感染影响的实现不是使感染者接受某种信息或行为模式，而是传递某种情绪。感染是在一种无压力、不自觉的情境中所激起的情绪反应。

（2）感染不同于暗示和模仿等单向性的影响。人们相互之间的感染、情绪的传递交流，是双向的影响，多向的影响。一个戏剧演员全身心地进入了自己的角色，其杰出的表演，使观众受到了强烈的感染，而观众雷鸣般的掌声又传递出观众的热烈情绪，从而又强化了演员的情绪。人与人之间的感染影响，就是这样一种相互强化反应。

（3）感染对人群可以起到一定的整合作用。人们相互之间通过感染达到情绪的传递交流，使情绪逐渐趋向相同，引发比较一致的行为。

第三节　消防救援的集体心理形成与凝聚力

消防救援的集体心理形成是在共同的集体活动中实现的，成员之间从最初的生疏到凝合，经历了适应、沟通、认同的心理过程。研究消防救援集体形成过程的心理特点和规律，可以加强对消防救援人员集体建设的指导，提高消防救援人员集体的凝聚水平。

一、消防救援集体形成的心理的分析

消防救援集体的形成通常要经历五个心理发展阶段，每个阶段有不同的心理特点和规律。

（一）机械聚合阶段

在刚刚编成的新消防员群体中，来自四面八方的消防救援人员只是被动地组合在一起，彼此的心理特点互不了解，也缺少个人间的人际交往。人际信息交流网络没有形成，还处于自闭状态，因而，并不是一个真正意义上的集体。在这个阶段，消防救援人员的言行明显表现出一种“自我抑制现象”，即言语随和，行为积极性、顺从性高，乐于助人，不好的行为不敢随意流露，言行上尽可能反映出好的、易适应环境的一面，而另一面被自我抑制住了。这种自我抑制现象主要是由于消防员新到一个环境，上进心强，力图获得领导和大家的好感，因而在行为上表现出一种“投机性”。同时，在这个阶段，新消防员同家庭、亲戚、朋友的信息交流正处于频繁时期，家庭的各种嘱托和要求能及时地起作用。另外，新消防员在这个阶段也开始了频繁的自发性交往。

（二）有机联系阶段

通过初步的接触和交往，原来互不相识的新消防员慢慢产生了一种“凝聚力”，从机械聚合状态逐步过渡到自愿结合状态。新消防员在广泛建立信息沟通网络的同时，还在选择世界观、情趣、个性品质等与自己较一致的“知己人”，将他们作为信息交流重点。由于他们对集体成员已有所了解，开始表现出对他人情感的亲疏性，在需要明确自己态度的场合，表现出明显的情感倾向。实践证明，这个阶段是集体发展过程中的“十字路口”，引导得不好，就会出现非正式群体“群雄割据”的局面，进而影响一个统一性集体的形成。此时，要选拔一批政治觉悟高、模范作用好、活动能力强、有群众威信的消防救援人员作为骨干，使他们成为消防救援人员信息交流网络的核心，推动一个有机整体的形成。

（三）形成集体目标阶段

经过一段时间的交往，消防救援人员群体逐步建立了较为稳固的人际关系，个人从中获得了归属感和安全感。但要想使集体变得强大且救援效能得以良好发挥，必须为集体确立一个长远的、共同的发展目标。缺少集体的目标，集体就会成为实现个人目标的集合体，大家得过且过、相安无事，平时只是应付上级交给的任务，保证“不出事”，到了关键时刻就可能出现“各想各的，自己顾自己”的状态，无法提高救援效能，执行艰巨的消防救援任务。集体目标的确定，要注意发挥集体的智慧和作用，可利用组织集体讨论、小组漫谈或写工作建议等方式，让集体的所有成员自由地、真实地谈出自己的希望、理想以及对集体的期待或建议。经过认真的归纳和选择，形成切实可行而又能被大家所接受的集体目标。只有这样的目标才是属于大家的目标，才能激励所有消防救援人员主动为这一目标承担起个人的职责。

（四）形成健康舆论阶段

当消防救援人员认同共同的目标并承担责任、做出贡献时，就不能容忍少数成员背离共同目标去自行其是，也决不允许任何破坏集体的行为在集体内部滋长。于是，集体的舆论就逐步形成了，有利于集体目标实现的言行会受到大家的赞扬；阻碍集体发展的言行会遭到大家的反对和批评。集体舆论从形成到发挥其强大的教育威力，一般要经过“由下而上”和“由上而下”两个发展过程。最初的舆论大都来自集体成员私下的种种议论。经过指挥员的分析综合、加工改造，概括成几种论点和说法，这些概括起来的论点式说法，通过各种方式和渠道自然而然地“传播”到集体中去，进而成为集体一致的看法和想法。这时的集体不再需要外来的监督，强大的集体舆论就成为激励良性互动、约束个人行为、净化成员心灵、实现集体目标的内在动力。集体健康舆论的形成，是消防救援人员集体发展到高级阶段的重要标志。

（五）形成集体意识阶段

集体意识的形成是消防救援人员集体发展成熟的重要标志，其主要特征是集体的行为准则已经内化为所有成员的思维方式、判别标准、行为指南和自我反馈的依据。有集体意识的消防救援人员，时刻将自己的言行与集体联系起来，把集体利益置于个人利益之上，对自己所在的集体有一种责任感、荣誉感和自豪感；集体成员互相关心、互相信任、互相激励；个人对集体负有强烈的主人翁意识和使命感；个人在为集体做出贡献的时候能体验到道德上的崇高感和愉悦感。

二、消防救援人员的集体凝聚力

集体凝聚力又叫内聚力。消防救援集体凝聚力是这个特殊集体对所有成员的吸引力、成员对群体的向心力以及成员之间的亲和力与协同性的综合体现。消防救援集体凝聚力愈强，就愈能充分发挥消防救援人员个体的作用，顺利地实现集体目标。凝聚力强的消防救援集体，消防救援人员意识到自己作为集体的一员并在其中占据一定的地位，有强烈的认同感和自信心；集体成员之间经常保持密切交往，互相认可、互相支持、互相帮助、求同存异；当消防救援人员表现出符合集体规范、符合集体期待的行为时，集体就会对其给予赞许与鼓励，进一步强化其积极行为，从而使其信心更足、决心更大、潜力进一步得以激发，与其他成员更加团结。

（一）主要特征

1. 士气高昂

士气是消防救援人员集体中成员的精神面貌和救援情绪，士气高昂是凝聚力强的基本特征。

2. 荣誉感强

消防救援集体凝聚力强时，其成员会表现出强烈的集体荣誉感，并产生积极维护集体荣誉的心理倾向。

3. 完成任务好

凝聚力强的消防救援集体，一般都有完成任务好的特征。这是因为凝聚力强的集体，集体的目标和决策能得到大多数指挥员、消防员的支持；当个人的需要与集体利益不一致时，会自觉进行调节和控制，而不会增加集体的矛盾和内耗；当执行救援任务中面临危险和困难时，会表现出紧密团结、众志成城的集体英雄主义气概，可以高效地完成救援任务。

（二）对消防救援人员的心理作用

1. 集体归属感

凝聚力强的集体能满足人的安全需要、自我确认需要，使其成员产生一定的归属感。归属于消防救援集体，会受到集体的认可和接纳、支持和保护，同时使人意识到自己作为消防救援集体的成员出现时所具有的力量感和自信心。集体凝聚力越高，取得的成就越大，就越能激起其成员的归属感，他们的自尊心、荣誉感也越强烈。

2. 集体认同感

集体认同感指集体成员在认知和评价上保持一致的情感。凝聚力强的集体中成员间的交往密切频繁，共同的目标和价值观使人们互相认可、接纳、激励，求同存异，努力保持个体与集体心理相一致。如果集体凝聚力强，人际关系密切，个体的各种需要在集体内部和人际之间能得到满足，人们就会自觉、主动地与集体认同。

3. 集体力量感

在凝聚力强的集体里，当集体成员的个人努力在集体的支持和其他成员的协助下取得非凡成绩时，集体成员能深刻地体验到集体力量感。集体所能达成的目标是个人的能力和努力所无法企及的，个人只有投身于集体，并调节个人的目标和集体的目标相一致时，才能获得超越个人的力量。

总之，消防救援集体凝聚力的心理作用表现为知、情、意三个方面。归属感是个人感情上的支持；认同感对个人的认知给予知识与信息；力量感给个人以力量，使个人坚持不懈地做事。

三、消防救援集体凝聚力的制约因素

（一）集体的领导方式

消防救援集体凝聚力的大小与领导的行为有着密切的关系。领导者之间的团结，领导者的表率作用，领导者为人处事的正直、公道、公平，领导者对下属的关心体贴，领导者的人格魅力等都有利于消防救援集体凝聚力的提高。此外，领导方式对集体凝聚力也有直接的影响。心理学研究表明，实行民主式领导的群体比实行专制式和放任式领导的群体，成员之间更友爱、更活跃、相互交往更多、感情更积极，凝聚力和士气更高。消防救援集体是完成特殊任务的特殊集体，在消防救援集体中以哪种领导方式为最佳，不能一概而论，要因时、因地、因人而异。在救援现场，或者当下属还未形成较高的思想觉悟和自觉纪律性的情况下，采取集中、专断的领导方式可能效果较好。而在下级已有较高觉悟和自我约束力、有一定的专业文化知识和能力的情况下，应当避免专断，大力提倡民主作风。

（二）集体成员目标、信念和态度的一致性

心理学研究发现，成员对集体目标的赞同与否直接影响群体凝聚力。个人赞同群体目标，才会对群体发生认同感，从而增强凝聚力。如果集体确认的目标既有社会价值，又有个人意义，集体目标在实现后既提高了集体的威望，又满足了多数成员的愿望和需要，那么这个集体的凝聚力就会加强。

（三）集体成员的心理相容

心理相容是指集体成员与成员、成员和集体、领导和群众、领导者之间的相互吸引，和睦相处，相互尊重，相互信任，相互支持，而成员间的心理不相容，则表现为相互排斥，相互猜疑，相互攻击，相互歧视。心理相容是吸引成员的心理基础，也是实现集体目标的重要保证。一个集体内，每一个成员所扮演的角色不同，完成的工作任务不同，需要不同智力水平和不同智力结构的人共同协作，取长补短，才能增强集体的凝聚力。集体成员在智力、性格、气质、性别和年龄等方面如能互补，在品格、价值观、社会性、兴趣爱好等方面彼此相容，往往会增强群体的凝聚力。

（四）外部压力的推动作用

外部压力使集体成员能充分意识到集体的生存价值，从而增强集体成员的凝聚性。一个民族在外来侵略势力面前，会齐心协力，同仇敌忾，共同抗击入侵之敌；一个集体在与强大对手激烈竞争时，就会更加团结、摒弃前嫌、搁置矛盾、一致对外。在外部压力的推动下，集体成员之间在认识上更容易达成一致，彼此更能产生情感共鸣，在意志行动上更能协调统一。强大的消防救援集体总是凝聚在一起，不断地提高救援效能，共同对抗急、难、险、重的消防救援任务，救民于危难之中，自觉践行“对党忠诚、纪律严明、赴汤蹈火、竭诚为民”的训词精神。

习题

1. 消防救援人员的集体有哪些特征？
2. 消防救援的集体心理对个体的影响？
3. 如何搞好消防救援人员之间的人际关系？
4. 影响消防救援集体凝聚力的因素有哪些？

第四章　消防救援人员的家庭管理

家庭伴随着人生，人的前面是工作，后面就是家庭，距离只在转身之间。当一个人家庭和睦、生活幸福时，工作也会比较顺利；当一个人家庭出现问题时，往往在工作中也力不从心。消防救援人员执行任务在时间上基本是无规律可循的，这是影响家庭稳定的一个重要因素。而家庭是否稳定又直接影响到消防救援工作，因此，家庭对消防救援人员的影响需要引起足够的重视。

第一节　家庭对消防救援人员心理的影响

一、家庭的内涵

《现代汉语词典》中对“家庭”一词的解释是，以婚姻和血统关系为基础的社会单位，包括父母、子女和其他共同生活的亲属在内。

提起“家”，我们每个人都会有一份特别的感受。家中有父母、有亲人，家中有各种各样的记忆与情感，有人提起家是一份温馨的感觉，家里有敬爱的长辈、日夜思念的爱人、活泼可爱的孩子；有人提起家是一份痛苦伤心的感觉，家里曾经发生过争吵，曾经有过冷漠、伤害、敌视。家在人们的生活和心田里演绎着各种各样的故事。

“家”字的结构中上有宝字盖，是遮风挡雨的象征，人在这遮风挡雨的地方寻求着一份安全感。“庭”，是庭院、厅堂。“家庭”即意味着人们可以安全地生活在其中的地方。人们对家庭充满了美好的向往和期待。“我们的生命是从家庭开始的。我们最初的人际关系，我们的第一个团体，我们对世界的最初经验或是在家庭之中，或是借由家庭才产生的。我们在家庭这个环境中发育、成长，最终也希望能在其中步入死亡。在家庭生命周期中，个体的生命周期不断向前推进、发展，逐渐形成，同时也受着更广大社会政治文化的影响。我们家庭过去的发展轨迹造就了我们所面临的问题，也试图传承某些解决问题的途径来应对我们现有的职责和任务，并且还影响着我们的未来。”这是《成长的家庭》一书的卷首语。家是伴随着人的生命始终的，虽然人是社会的人，但家庭对人的影响是延伸到社会中的。人与外界的互动方式以及由此产生的问题是由家庭内部人际关系、互动方式、问题应对模式对人塑造的结果。人在解决处于外部世界发生的问题时，依然习惯于采用在家庭内部习得的问题解决方法去处理。

二、消防救援人员建立良好的家庭关系的意义

家庭是人生的港湾，人生从这里出发，在这里成长，也在这里找寻事业的支撑。可以说，家庭是人生的归宿。消防救援人员建立良好的家庭关系，更是在为自己经营一个安全的避风港。

（一）良好的家庭关系有利于消防救援人员及其家人良好个性的形成和成长

家庭由婚姻缔结而形成，夫妻双方因为有共同的喜好、共同的向往而结合在一起。当共同生活一段时间以后发现，因为夫妻双方原生家庭的差异，彼此在生活习惯、行为方式、价值观念、性格特征等方面有较大的差异，在良好的家庭关系中夫妻双方彼此会尊重这种差异，以改变自己去适应对方从而影响对方实现共同成长。延伸到工作中，夫妻双方也会保持一种平和的心态和行为模式。孩子如果出生在这样的家庭中，经历长期的耳濡目染，能够形成良好的生活习惯和行为方式，塑造家庭中彼此都能接受的价值观念，最终形成尊重他人、利他的个性特征。如果夫妻双方带着对对方不切实际的幻想而结合，不愿意接受彼此的差异，同时试图改造对方并附着很多情绪色彩，用怀疑、指责、冲突、暴力等方式试图控制对方，形成对方压抑地接受，爆发冲突或分离。这种情绪必然会对工作产生影响。孩子如果出生在这样的家庭中，则看不到父母之间互相的包容和迁就，无法学会尊重他人，在价值理念上因为父母之间的不和睦而出现混乱和矛盾，在个性特征方面也会产生这样那样的问题。

消防救援人员从事的是一个要救助社会人群的崇高职业，需要有包容的胸怀、正确的价值观念，自信和利他的个性，而前提是需要有良好的家庭关系。因此，只有夫妻良性互动，子女健康成长，消防救援人员才能安心工作。

（二）良好的家庭关系有利于消防救援人员形成良好的人际互动模式

1. 人际互动模式的类型及表现

人际互动模式从宏观上看一般有三种类型。第一种类型是保护、指责、控制型；第二种类型是沟通、交流、伙伴型；第三种类型是求助、倾诉、依赖型。

人际互动模式决定于人的心理定位。用第一种类型下保护、指责、控制的姿态与他人互动的人，会把自己放在一个高心理位阶上，其对自己的心理定位是："我比你强，我有能力保护你，你是需要我保护的。""你做什么都不可能正确，你不听我的就要吃亏，你必须要照我说的做……"在第一种类型的互动模式下，要么对方越来越缺乏能力，变成一个离不开他人照料的低能者；要么将招致对方的反抗和对立。用第二种类型下沟通、交流、以伙伴的姿态与他人互动的人，会把自己放在一个与他人平等的心理位阶上，其对自己的心理定位是："我和你是平等的，你可以自由地表达你想说的，但同时你也要尊重我。""我说的如果是正确的你要遵从，你的好建议，我也会采纳……"在这样的互动模式中，双方用平等的心态接触和交流，互相尊重、共同成长，人际关系始终处于建设性的状态，对提高人群的文明程度具有重要促进作用。用第三种类型下求助、倾诉、依赖的姿态与他

人交往的人，会把自己放在一个低于他人的心理位阶上，其对自己的心理定位是："你要帮我，我很痛苦、我很无助，我要依靠你才能生活……"如果整个人生都处于这样的心理位阶，就完全处于被动状态，把自己交付给别人负责的最终结果是会被他人看轻和远离。如果一个人连自己都看轻自己，怎么指望得到他人的尊重呢？

2. 人际互动模式的决定因素

人的心理地位是由人的自我价值来决定的。人的自我价值感高，心理地位自然就高；人的自我价值感低，心理地位自然就低。自我价值感低是个问题，而自我价值感高是否就一定好，这要取决于在看重自我的同时如何看待他人。在拥有高自我价值感的同时看轻他人的价值，或者试图成为救世主劳而无功，或者试图成为一个操控者招致别人的反抗，最终都会沦为一个失败者。在拥有高自我价值感的同时看到他人的价值，并设法提升他人的价值，才会形成建设性的人际关系。消防救援人员是社会安定的维护者，这一角色很容易看高自我价值。如果消防救援人员自视甚高，忽视救援对象自身的力量，将可能被救援对象拒绝。那些善于发动群众的、对救援对象怀着尊重之心的人，往往在工作中是最有力量的人。

3. 价值感的产生

人的自我价值感产生于早期的家庭互动。当夫妻因为爱走到一起并彼此包容对方的不足时，他们对孩子也会是接纳和充满爱的态度。因而，孩子在父母眼中读到的是"有价值的"，孩子也会形成自信的性格。当夫妻对彼此拒绝时，常常会把自己当初的幻想寄托到孩子身上，以生命被投射的方式达到自我的完善，从安全、身体、爱等角度给孩子制定一系列规范，教导他们应该做什么或不应该做什么，当孩子遵从时得到的是赞许，当孩子违背时得到的是惩罚，孩子从依赖他人生存发展到需要依赖他人认同甚至迎合他人认同。父母高度的认同帮助孩子看到自身的价值，形成较高的自我价值感，对自己充满自信。孩子的自信，又会鼓励父母更积极地对待自己，让父母的价值感得到提升。如果孩子为获得高自我价值感，需要千方百计讨好父母，久而久之会形成讨好型性格，长期的讨好又会加剧自己的内在冲突，冲突又会导致压抑。当父母更多的是通过惩罚或否定的方式给孩子设立规则时，孩子或用否定的态度去看自己，或掩盖自己的欲求迎合父母，进而扭曲自己的个性，形成极低的自我价值感，并因此减损学习、工作及与他人相处的能力。当孩子的自我价值感不足、能力差时，又会刺激父母的消极情绪，降低父母自身的价值感。不良的互动会让孩子形成自卑的性格。

（三）良好的家庭关系有利于消防救援人员缓释工作中的压力

消防救援工作是一个高压力的职业，并且这种压力是时时伴随的，如消防救援人员经常要应对火情、死亡等灾难事件。正是由于消防救援工作时时与压力相伴，这种压力常常会延伸到其家庭中去。压力是由事件引起的，事件之所以对人产生影响成为压力，是因为事件导致人的情绪压抑在内心中无法释放，影响人的身心健康。如果有恰当的机会并有亲近的人倾听当事人对事件发生过程以及由此产生的情绪的诉说，这股由事件形成的情绪就可以得到释放，将会削弱事件对当事人造成身心上的影响。与此相反，当事件导致人产生强烈的情绪，而当事人没有机会或羞于对他人诉说，情绪会受到压抑，这种压抑由于压抑主体的不同将产生不同的影响。承受能力强的人感受到的是一般压力，承受能力弱的人甚至会形成心理创伤。如果消防救援人员的压力能在良好的家庭氛围中得到缓释，就会重新以饱满的热情投入到新的工作中去，应对新的压力，抗压能力也会越来越强。如果家庭氛围不好甚至有问题，压力不但得不到缓释，而且还会与家庭问题形成“共振”，产生强大的破坏力，对消防救援人员的身心健康产生破坏作用。

第二节　常见消防救援人员家庭问题及管理

一、家庭成员心理创伤对家庭关系的影响及消除

2010 年 11 月 8 日的《扬子晚报》A18 版报道了这样一则新闻，内容是民政部经过统计得出的结果。结果显示，2010 年前三个季度全国共有 131 万对夫妻办理离婚登记，平均每天有 4800 对夫妻离婚。其中，四川省离婚人数全国最多，共有 102596 对夫妻离婚，位居全国榜首。同期全国办理结婚登记的有 7791911 对。2009 年四川省的离婚率排全国第七位。专家分析认为，2010 年四川省的离婚率上升到第一位的原因为，一是离婚手续更简便（2008 年后新婚姻登记条例简化了手续）；二是很多人外出打工导致夫妻分离多；三是人们对爱情的期望值提高了；四是汶川大地震后人们对生命的无常有了更多的体验，希望追求即时的幸福。

由此，我们应注意到地震对人造成的心理创伤对家庭关系具有很大的破坏作用。当初地震时冲在最前线的人，用他们的勇敢救起了很多人的生命。但就在他们中间，有人在一年半载以后生活安定了，却选择了自杀。因为地震所形成的灾难场景总是在他们眼前晃动，这种场景回放让他们寝食难安、生不如死。这就是心理创伤的杀伤作用。心理创伤即使不置人于死地，也会对人生活的各方面产生影响，其中影响最大的是家庭，因为人的情绪最容易在家庭互动中释放。

实践中发现，很多家庭关系问题都与心理创伤有关。有的人因为车祸后情绪发生非常大的变化导致夫妻关系恶化而离婚，还有的人因幼年被托养过而坚决拒绝生孩子。消防救援人员因为经常目睹灾难事件，往往对家人发生的任何问题都会如临大敌。例如，发现孩子在家里悄悄拿钱，担心孩子将来会被判刑；发现孩子与人打架，担心孩子将来会杀人；看到有的家庭因为外遇而发生刑事案件，从而受不了自己婚姻中的一点风吹草动。这些过激的反应所起的作用又恰恰相反，总是把自己的家庭关系推向危险的边缘。

为避免心理创伤对家庭关系的影响，消防救援人员在家庭关系中要经常保持一种内省自察的状态，清理工作中重大事件对自己生活的影响，分清工作关系和家庭关系，把纷扰挡在家门外。

二、子女成长问题及其应对

每一对父母都希望子女能够积极向上、有所作为。尤其是消防救援人员，都认为“虎父无犬子”，如果孩子实现了父母的愿望，父母会倍感骄傲；孩子发生问题了，也会倍感焦虑。例如，有个消防救援人员说，当自己的孩子出现一点问题时，自己马上就会陷入极度恐慌。他的这种过激反应又会投射到与孩子的互动中，加剧孩子的逆反和问题的升级，导致恶性循环，同时严重影响消防救援人员的日常工作。

其实孩子是否会有问题，首要原因并不在孩子自己。子女能否健康成长，受到各种因素的影响，有先天生理、心理因素的影响，有后天家庭及学校环境的影响，但是所有的影响都通过父母的教养折射到孩子身上。即使孩子的先天素质和周围环境非常好，而父母教养这一环节出了问题，孩子总是免不了要出现这样那样的问题。如果父母认真履行自己的职责，并且采用了正确的教养态度去对待孩子，即使孩子先天素质不足或周围环境不良，经由父母的正确引导，孩子依然能够健康成长。可见，父母在孩子的成长中起到关键的作用。

(一) 父母教养态度问题及其应对

教养态度是指父母在教育孩子过程中所保持的一种认知心态和行为方式。父母教养态度一般有控制支配型、放纵溺爱型、忽视冷漠型、民主尊重型。不同的教养态度对孩子的心理和行为发展有不同的塑造。

1. 当前父母教养态度方面的问题

(1) 不正确的教养态度对孩子的影响。控制支配型的父母，希望孩子按照自己的愿望生活、成长，孩子应该怎么样行为、不应该怎么样行为都由父母限定好，一旦超出父母的限定，轻则惹来责备，重则引来暴打。在这种类型的父母教养下，孩子要么形成服从、无主动性、消极依赖、被动胆怯的个性，要么则会形成逆反、固执、神经质等个性。被动胆怯、消极依赖的孩子有的会让父母对他们的物质生活有操不完的心，那种固执、逆反的孩子又会让父母有无法掌控的感觉，同时又担心他们在社会上惹事。放纵溺爱型的父母不给孩子设定任何规则，孩子在家庭中为所欲为，但这些孩子在家庭外则会常常受挫，因为人群、社会为维持自身的秩序需要设定许多规则，父母的责任是告诉孩子这些规则，让他们走入社会时能够被社会接纳。而家庭中没有规则的孩子走入社会后会很茫然，要么幼稚、自私，要么任性、野蛮、无礼。这样的孩子因无法融入外界社会导致情绪冲动、人际关系紧张，成为典型的问题孩子。忽视冷漠型的父母，常常因为工作或其他原因很少与孩子接触交流，也不向孩子表露自己的感情，表现出一副威严的样子，或对孩子的正常要求也不能够适当的满足。也许作为父母会有各种各样的理由，如工作忙、父母在孩子面前需要树立威信等，但孩子直接感受到的是父母不爱自己。这类孩子因为没有机会享受到温情，也没有机会模仿到表达温情的方式，往往会形成冷漠、执拗、神经质等个性，严重的甚至具有攻击性、残忍、反社会等心理问题，这类问题孩子比较多的成因是父母与孩子有过长期分离的经历。

（2）社会转型期教养态度存在的问题。进入社会转型期的今天，父母的教养态度随社会形势还呈现出一些新的特点，即孩子在生活中可以无任何作为而学习中不可以有任何懈怠。父母最常说的是：他完全可以再认真一点，他的老师说他的智力完全可以比现在好，只要他再努力一点，但是他就是贪玩、不求上进。问孩子，孩子常说：我也想好好学习，提高成绩，可是就是定不下心。其实这些家庭的孩子有一个共同的特点，就是生活上非常优越，可以不用做任何家务，而且在物质上有求必应。像小皇帝一样的生活让他们养尊处优，毫不知晓生活的艰辛，未进行过任何劳动训练的双手仿佛被无形的绳索捆住而毫无能力，上学后却要求他们在突然之间把能力释放出来去应付对于他们来说是高难度的学习任务。一方面，由于生活的优越，他们没有动力放弃过去那种闲散的生活去刻苦学习；另一方面，他们没有生活方面的自理能力作为基础，凭空要求他们提升学习能力，这太为难他们了。很多父母不明白能力迁移的原理。

那些生活上没有机会处理自身问题的孩子，学习对于他们来说会变得异常困难，而那些在生活中付出更多劳动的父母常常又会对孩子的学习有更多的期待，他们认为付出越多，就应该有更多的报偿，孩子的学习就应该更好，一旦孩子不能满足他们的愿望，他们的抱怨常常是双倍的。一个从来不为生活操心的孩子突然需要承受双倍的要求和期待，他们的心理压力又是家长无法体验到的。孩子的心灵无形中被“划伤”，父母却不知道，孩子被“撕裂”，父母却看不见。

（3）消防救援人员的职业特点形成的教养态度问题。熟悉孩子的家长，对孩子的任何一个表情、任何一个动作都会觉察到。当发现孩子有异样的表情或动作后，首先要详细问清发生了什么、发生问题后是如何处理的、孩子现在的感受是什么；然后和孩子一起讨论如何解决这些问题。孩子在这种讨论中逐步学习如何应对生活或学校中遇到的问题，逐步适应社会要求，会变得越来越成熟。

消防救援人员的工作时间因职业特性呈现无规律状态，很多消防救援人员在孩子小的时候交给老人带，总认为孩子小，没关系。孩子大了，经常是孩子在家，自己在工作；孩子上学了，自己回来睡觉。大多数消防救援人员在很长时间里和孩子缺少良性互动。这种缺乏和孩子密切互动的最直接的结果就是，对孩子不熟悉。有时候孩子想把自己碰到的问题告诉家长，有时会因错过时间而忘记，有的会因担心被家长批评根本不敢讲。如果说父母是孩子的第一任教师，那么很多消防救援人员的孩子经常是缺课的。这种缺课会使孩子幼稚、缺乏解决问题的能力。而消防救援人员自己常常又是能力较强的人，看到孩子这种表现，最容易给予孩子的是批评。批评不但影响孩子的自信，还会导致其逆反。逆反的孩子在适应社会和处理上下级矛盾方面都会出现这样那样的问题。

2. 对子女采取正确的教养态度

（1）民主地对待子女。民主尊重型父母用民主尊重的态度和孩子相处，家庭中充满轻松愉快的氛围，孩子可以自由地表达自己的意见，合理的将会被父母采纳，不合理的虽会被拒绝但将会得到令人信服的解释，这样家庭中的孩子将会形成独立、爽直、平和的个性，并且乐观、积极向上、善于思考，当他们走出家庭进入社会时，因为能够学习到父母的民主模式而对他人保持尊重并能很好地与他人合作，这类人很容易被社会所接纳，并很好地生活在社会中。家庭教育中的民主主要表现为父母和孩子之间的交流应该是双向的，而不是单纯的训导或指责。

（2）重视孩子生活能力的培养。为使孩子健康成长，父母不仅要采用民主尊重型的教养态度，还要根据孩子的年龄引导孩子动手去做符合自己年龄的生活琐事，培养孩子的动手能力和生活责任心。当他们有了动手能力和生活责任心，学习自然会被当成他们自己的事来完成，而不是当成父母强加给他们的任务。孩子从小被教育自己的事情自己做，力所能及的事情必须由他们自己完成，其好处是他们有动手的机会，动手在增强手指灵活性的同时，也在帮助他们应对生活中的困难并学习如何解决困难。能自如地解决与自己年龄相当的困难的孩子，当他们开始进行文化学习时就会有良好的过渡，解决生活问题的能力会自然迁移到学习上来。因为孩子的学习任务是经过教育专家科学安排的，是和年龄匹配的，只要他们能很好地完成生活任务，就能很好地完成学习任务。

（3）减少职业特性对子女教育的影响。消防救援人员是人民群众生命财产安全的守卫者，但其常常站在一个支配者的角色位置上，这种角色位置使消防救援人员的心态很容易泛化，使其在家庭中也充当支配者的角色，这种角色容易招致孩子的逆反，使孩子的心理发生扭曲。因此，消防救援人员在教育孩子的过程中，需要脱去自己的职业角色，真正做回父母的角色。

（二）父亲、母亲角色缺失问题及其应对

父亲、母亲角色缺失问题是指在养育孩子的过程中，父母双方需要共同承担养育责任，任何一方不承担这种责任即为角色缺失。

1. 父亲、母亲角色缺失的影响

（1）父亲角色缺失的影响。在家庭教育过程中，父亲的缺位易导致孩子缺乏安全感，因自卑等负面情绪让其过度敏感，也很难在人际交往中主动交朋友或者维持相对健康的人际关系。父亲角色缺失家庭中的孩子易因情绪化严重导致独来独往，难于与人亲近或结交新朋友，或是沉迷网络、游戏，脱离现实人际交往关系圈。男孩在缺少父亲的教育时，容易缺少阳刚之气以及个人担当，性格也容易软弱，抗压能力差，甚至智商、情商、挫商都有影响，严重的可能趋向女性化，爱哭、犹豫、唠叨等；相反，女孩因为父亲在家庭教育过程中的缺位易造成早恋，寻找依赖感。或是相反，不相信男性，为以后的婚恋关系埋下隐患，在家庭中，父亲能给予女孩自信、沉稳、大气的性格优势。

（2）母亲角色缺失的影响。中国社会中很长时间里都认为教育孩子的任务是母亲的，父亲是在外面打拼的角色，所以有“岳母刺字”“孟母三迁”的美传。孩子发生问题首先想到妈妈，孩子受惊吓后首先扑向妈妈的怀抱，妈妈不在眼前时，孩子遇到的困扰就会成为问题潜抑在其潜意识中，当他们长大后这些问题并没有消失，而是像扳机一样，遇到类似的问题时就被“扣响”。在家庭教育中，如果妈妈没有尽到应尽的义务，没有针对性地强化塑造孩子的性格，培育安康积极的心态以及习气，就容易构成以打骂、打压、责备、埋怨、抱怨、打击等行为主导的消极负面的教养气氛，严重影响孩子的性格构成，以致其存在性格缺陷，如低自尊、不自信、缺乏安全感等。

2. 充分发挥父亲、母亲在家庭中的共同作用

家庭关系是共舞关系，一个人的舞步节奏发生变化，另一个人的舞步和节奏也会跟着改变。父母要共同加入家庭舞蹈的旋律中，带着孩子一起开心快乐地跳舞，家庭才不会朝着与愿望相反的方向发展。

（1）父亲有意识地发挥自身家庭角色作用。父亲在家庭中不但有利于儿童的性别角色发展，还影响到孩子的成熟度、成就感，对孩子的安全感、自尊水平、交往能力更有着重要影响，在孩子的情绪稳定性方面也会起到重要的作用。在孩子的性别角色发展方面，父亲可以给男孩树立男性角色形象，让男孩模仿到如何成为一个男子汉。如果父亲善于处理夫妻关系，关心爱护妻子和家人，孩子在以后的人生中也会善于处理家庭矛盾并建立良好的家庭关系。在只有女孩的核心家庭中，父亲是唯一的男性，父亲可以给女孩提供与男性相处的机会，让女孩对男性有所了解，解除女孩对男性的神秘感，避免女孩因为对男性好奇而导致上当受骗。在孩子的成熟度、成就感、安全感、自尊水平、交往能力的发展方面，父亲的影响主要表现在由于父亲所接触的社会面比较广，带到家庭中的社会信息会比较多，孩子广泛地了解社会信息，有利于孩子客观地认识社会，减少孩子的偏激认识，提高孩子的成熟度。父亲对孩子的所作所为及时给予肯定，成就感会帮助孩子更加自信。父亲也常常充当家庭的依靠力量，父亲经常和家人一起待在家庭里，孩子能感到一份安全感，情绪保持平稳状态，减少注意力分散，有利于他们完全沉浸在生活和学习活动中，并取得较好的成就。

（2）母亲有意识地发挥自身家庭角色作用。母亲在家庭中的重要贡献，一是对孩子的有效陪伴和积极教育。从孩子出生的那一刻起，母亲就成为孩子的指路者。母亲对孩子的影响，虽然藏在生活的一点一滴当中，但却能深深地渗透到孩子的骨髓里。母亲要怀着对孩子深厚的爱，不断地去理解孩子。爱是本能，更是长期计划，花费的心思越多，正确的努力越大，结果就越好。在消防救援人员的家庭中，母亲要修炼性格、心性，树立正确的世界观、价值观等，从点滴生活中对孩子产生潜移默化的影响，这直接决定了孩子为人处世的态度，对孩子的情商有着巨大的影响。由于消防救援职业的特殊要求，一线消防救援人员多为男性，且常须驻守单位，对家庭不能兼顾，这时家庭中一位乐观开朗的母亲对于家庭及孩子的意义显得尤为重大。这样的母亲在生活当中定能朝着积极的方向去思考、实践，同时也会让孩子拥有积极向上的心态。母亲的坚韧不拔，会让孩子在面对困难时变得勇敢坚强，不惧怕失败与挫折。二是对家庭融洽氛围的营造。一位有智慧的母亲，能够怀有一颗宽容之心与家人良性互动，创造和睦的家庭氛围，这将对孩子的身心健康成长，助其形成良好的学习行为大有裨益，也会在孩子人生的每个拐角之处亮起指路明灯。

消防救援人员的工作时间无论多么缺乏规律，都要充分履行好“第一任教师”的职责，将自己的时间和孩子的时间进行排序，从中寻找共同的“太空时间”，充分了解孩子，给予孩子必要的生活指导。

三、家庭系统边界问题及其廓清

（一）现代社会家庭系统的要求

在《现代汉语词典》中，系统是指同类事物按一定的关系组成的整体。根据这一概念，家庭系统就是具有姻亲和血缘关系的人，包括父母、子女和其他共同生活的亲属在内共同组成的一个整体。在这个大的整体中还有一些内在结构，结构式家庭心理治疗理论认为，家庭的这些内在结构的成分是一些家庭次系统，如父母、夫妻、子女组成的小系统。

在中国传统社会中，儒家文化中的伦理规则是维系家庭大系统的重要规则。在儒家文化的要求之下，家庭中长幼有序，长者有长者的风范，幼者遵守着幼者的礼仪，所以整个家庭保持着互相尊重和礼让的氛围。在这样的家庭中，孩子会模仿到良好的行为方式，进入社会也会和他人良好地相处。

改革开放以来，随着商品经济挤进国门的还有所谓个性解放的文化和思想，有些人在过分强调个性的同时，忽视了共同生活所需要的伦理规则，只注意到自己是否自由和快乐，常常忽视他人的感受。如果只在乎自己小系统的幸福和快乐，忽视大系统的共同利益，整个家庭系统就会失衡，家庭就会因此变得不安宁，其中受害最深的将是孩子。这个时候就需要家庭成员之间特别是处于不同小系统的家庭成员之间保持一定的距离，以减少不同小系统家庭成员挤在一起形成相互之间的利益摩擦。

因此，现代社会中的家庭次系统之间必须有清晰的边界。所谓家庭次系统边界，是指家庭次系统之间有一定的距离、界限。如果这些界限模糊，次系之间相互渗透，便会出现侵犯、控制、联盟等现象，从而出现系统的混乱局面。

（二）家庭代际系统之间的问题

1. 夫妻系统与长辈系统之间的关系出现渗透

成年的子女结婚以后就意味着应当从长辈的系统中走出组成一个新的系统，这个新系统就是夫妻系统。夫妻与长辈之间的系统关系是代际系统关系。夫妻系统应当和原来的长辈系统有一定的界限，保持一定的独立性。现在有很多家庭还不习惯这种分离，小辈还要依赖长辈，长辈总是要对小辈的夫妻系统中的问题进行干涉。长辈的次系统渗透到小辈的夫妻次系统中，便会引起夫妻次系统中一方产生被侵犯、被控制感，造成夫妻之间矛盾升级。生活中常常是婆婆控制儿子，让儿媳有被侵犯感，或是母亲对女儿的控制，让女婿有被侵犯感。这种渗透还常常会导致作为第三代的孩子在祖辈的支持下站到父母的肩上去对父母进行控制，让父母产生无力感，孩子因此而成为无法无天的“霸王”，最终出现问题。解决这个问题唯一的方法就是长辈系统退出夫妻系统，保持必要的界限，由孩子的父母直接负责孩子的生活和教育。长辈可以做的仅仅是在需要时给予必要的支持。

作为公婆的一代人把儿子养育了二十多年，要交到一个陌生的女孩手里，他们不但不放心，而且还有被占有的担忧，所以心理上是戒备和防御的。儿媳作为一个新的成员来到婆家，进入一个新的系统，公婆是她的陌生人，除了丈夫是公婆的儿子这层关系外，没有任何事物和他们相联系。并且她对新系统的陌生感也会让她有一份担忧和防备。这种戒备和防御的关系，会让家庭中代际之间的每个人都处于焦虑或被侵犯的心理状态，人会变得敏感和多疑，很小的刺激都会引发冲突导致较大的伤害，最终受害的是第三代。家庭中如果是女婿作为新成员到来，也会发生同样的问题。如果是多子女的家庭，家庭中的关系将会更加复杂。在这样的关系中，如果还延续过去的那种大家庭的生活模式，家庭中缺少儒家文化中长幼有序的各种规则约束，彼此之间过分强调自我，家庭一定是不得安宁的。如果家庭中每个人都要充分地主张自己的权利，幼小的孩子将要面临的是要么没有爸爸、要么没有妈妈的悲惨命运。

2. 有一定独立能力的孩子和父母系统的关系过于紧密

系统边界模糊还会表现在核心家庭中父母不随孩子长大而改变互动方式，始终用照顾一个儿童的方式照顾一个长大了的孩子，不让孩子从自己的系统中逐渐走出去。这也表现为代际系统的问题。有心理学家认为，把孩子放在几岁养，孩子的心理年龄就会停留在几岁。心理治疗专家李维榕就经常俯在这样的孩子耳边说：你能不能有一些秘密不让你妈妈知道。她这不是在挑唆两代人的关系，而是帮助孩子尽快长大。

3. 家庭次系统之间关系过于疏离

家庭中代际次系统之间也有联系过于松散的现象。这种松散表现为纵向系统过于疏离，疏离将导致亲情的冷漠。如果父母完全不对孩子负起责任或对老一辈不够关心和尊重，将不能让家庭成员感受到亲情的温暖，受害的依然是孩子。他们无法习得爱的感受和表达方式，无法对周围的人传达爱心，更无法建立与他人的友好连接，家庭内外的人际关系都将会出现各种各样的问题。一个从小没有接受过爱的人，是没有爱的能力的。这种人即使与他人恋爱成家，他们也不知道关心对方；即使想关心对方，他们也不知道如何向他人表达。这类人的婚姻通常不会幸福，他们的孩子还会因为没有被爱过而延续他们这一辈人的命运。

（三）消防救援人员家庭常见的系统界限问题的解决

消防救援人员常常会因为工作时间长把家庭的重担交给老人，与此同时也把管理家庭的权力交给老人，造成无意间的边界渗透。由于忽视对家人及长辈的关心和尊重导致家人情感间的疏离，也会引起家庭矛盾或其他家庭问题。正确的做法是邀请老人帮助自己的家庭，但保持适当的距离；夫妻双方承担起养育孩子的重任，但不控制孩子；和老人、孩子保持适当距离的同时不忘关心老人和孩子。界限渗透是对彼此的控制，关爱是一种以尊重为前提的关心和付出。

四、家庭情感结构问题及其厘清

（一）家庭情感结构问题

家庭情感结构是指家庭成员之间的情感亲疏、远近的一种表现形式。家庭当中有些成员之间比较亲密，有些家庭成员之间比较疏远，这样所形成的关系结构被称为家庭情感结构。非核心家庭中，夫妻有两个以上孩子时，夫妻次系统中的丈夫和妻子必须是良好的同盟，共同行使他们作为父母的权力。同时父母对任何一个孩子都必须平均表达自己的爱和关注，父母对其中任何一个孩子过多的爱或关注，都会导致其他孩子有被伤害感。当家庭中有孩子感到被伤害时，其会用各种逆反的方式来回应家人传达给他们的任何信息和要求，家庭中的其他人会有不安宁的感觉。而那些自认为被伤害的孩子也会用各种过激的言行来表达他们的不满，久而久之，这种扭曲的表达方式便成为他们个性的一部分，出现心理学上所谓的人格障碍。如果双亲之一与孩子结为联盟，对抗配偶的另一方，或纠缠在一起而疏忽另一方，都会导致另一方的愤怒，导致家庭问题。孩子在这样的关系中模仿到的只是攻击和对抗，不但外界人际关系要出问题，将来的婚姻也会因没有模仿到恰当的互动模式而延续上一辈的不良互动，最终像是有遗传一样地出现婚姻问题。当家庭中有不止一个孩子时，作为父母必须仔细体察孩子的心理状态，重视家庭中成员之间的情感距离，防止出现情感结构不均衡问题。

家庭中的长子在第二个孩子出生之前，往往处于家庭中首要地位，被宠爱和娇惯。但当第二个孩子出世之后，这个首要地位会因父母的态度不同，在有的家庭里会被第二个孩子所替代。如果父母精力不够或还有其他事情需要忙碌，第一个孩子还需要承担照看第二个孩子的任务。第一个孩子在第二个孩子出生以后从首要地位上一下子降到次要地位，作为一个孩子是很难理解和接受的，必然会产生失落、伤心、怨恨、愤怒等情绪。当哥哥/姐姐带着这样的情绪和弟弟/妹妹相处时，其结果可想而知。有的家庭中的第一个孩子经常趁父母不在的时候，用各种方法欺负第二个孩子，而第二个孩子又会利用父母反过来欺负第一个孩子。长此以往，这样的不良互动在一个家庭里对孩子的个性发展一定会起到扭曲的作用。

（二）家庭情感结构问题的厘清

在应对孩子出生次序问题方面，一些西方国家的父母的做法很值得我们借鉴。当母亲就要生第二个孩子时，父亲会去买一个很大的礼物如儿童自行车藏在母亲的产床底下，当第二个孩子降生后，父亲同时也将这样的礼物拖出来，告诉第一个孩子说这个礼物是小弟弟或小妹妹带来的，让第一个孩子在第二个孩子出生时感到被重视、被接纳的同时获得拥有的感觉。这样，第一个孩子的情绪才会是安定的，且能够和第二个孩子友好相处。父母在以后的岁月中也要留心自己在对待两个或多个孩子时的态度。

人们惊奇地发现，能够善于处理这种多子女家庭关系的成员，无论是父母还是孩子，在他们与社会上其他人相处时，也能够和他人友好相处。他们容易接纳他人也容易被他人所接纳和喜欢。作为消防救援人员，需要从这种互动关系中有所学习和反思。因为消防救援人员职业的工作对象是人群，人群中的互动心理常常和这种复杂的家庭关系很相似。

五、家庭三角关系症结及其平衡

（一）家庭三角关系症结

家庭三角关系症结，是指由父母和孩子三人共同构成的核心家庭的三角形关系中出现的矛盾和问题。核心家庭呈现的是倒三角形，三角形上面两个角分别是父亲和母亲，三角形下面的一个角是孩子。三角形在几何力学中是最稳定的一种结构。一般核心家庭从理论上看也是一种稳定的家庭结构。这是基于三角形的每个角都是健康稳定、相爱相依的状况。当三角形中父母双方任何一方发生问题，如工作忙，不能按常规时间回家；夫妻性格不合，一方躲着另一方；一方出现外遇；一方死亡；一方出现生理问题或心理失衡等，即意味着三角形的一个角对另一个角的拉力出现变化，导致三角形的稳固性被破坏。

这种三角形稳固性被破坏的结果就是，孩子会自动跳到父母关系平衡器上，或者试图牺牲自己拯救父母的关系，或者去替代缺失的角色。无论是哪一种情况，都会让一个根本无法承受如此重负的孩子心理出现问题。烦躁、无名火、打游戏、逃学、犯错、反复生病甚至犯罪都是孩子常见的问题。家庭中的结构病态问题常常由某一个家庭成员的病态心理表现出来，病态心理的主体最常见的就是孩子。有些孩子甚至认为牺牲生命可以换来父母关系的缓和。

最常见的一种是在缺少父亲的家庭中，母亲由于缺乏父亲的协助和支撑，心理会在繁重的家务和对孩子的操劳中失衡。一个心理失衡的女性或者会产生怨恨情绪并带着这种情绪面对孩子；或者会产生自卑心理、自怨自艾而忽视对孩子的关爱；或者会产生补偿心理把自己未实现的理想强压给孩子，希望孩子来实现自己的人生意愿。孩子在这样的母子或母女关系中会有非常强的压力感，双方会处于一种纠结状态，彼此既不能分离，又经常发生矛盾冲突而难以化解。在缺少父亲的家庭中，还会发生这样的现象：母亲是孩子的牵挂，即使孩子长大有了配偶也不能从母亲那里走出、完全走入夫妻系统中，令其配偶觉得只有抓住自己的孩子才可以达到心理上的平衡。这又导致孩子的夫妻关系重蹈上辈的覆辙，一代一代延续这种不良的家庭关系，使婚姻中充满痛苦，孩子永远不能放下包袱轻松地生活在他自己的人生中。

（二）消防救援人员家庭三角关系的平衡

相对于消防救援人员这种职业来说，上述这种现象特别需要引起重视。消防救援人员队伍中男性居多，而且工作时间会因为职业的需要而无固定的规律，对家庭的照料自然会受很大影响，很多消防救援人员的妻子经常会发出无奈的感叹。消防救援人员也面临这样的尴尬：即使知道自己照料家庭少，但客观实际是根本无法改变的。这里需要注意的问题是，当丈夫不在家里时，妻子容易出问题的是心态。从家庭角色的定位来讲，女人对自己在家务劳动方面付出的态度会因为对方的关爱程度而呈现出差异。如果对方是关心爱护自己的，做再多的家务也心甘情愿。如果得不到对方的关心爱护，她们对自己的付出在心理上就会失去平衡，就会有委屈感。

维持家庭心理平衡并不取决于男性在家里分担多少家务。如果能够足够多地承担家务，对女性的身心是一种最好的支持，如果确实不能更多地分担家务时，精神上的支持和关心特别重要。消防救援人员在繁忙的工作过程中不要忘记经常问候自己的配偶、关心对方的心理状态，在关键时帮助对方出出主意、给对方一些心理安抚非常重要。

六、父母情结问题及弥补

（一）关于父母情结问题

父母情结问题，是指父母和孩子的关系问题导致孩子在心理上的纠结。在父母和孩子形成的各种互动关系中，有些问题会对孩子的心理产生不良影响，以致孩子在以后的人生中碰到类似问题时会产生过度反应。

父母情结问题还表现在，女孩的父亲足够优秀时，会寻找与父亲相似的男性作为配偶，如果发现配偶不如自己父亲优秀，便会对配偶有不满意感。如果自己父亲存在的问题是女孩不愿意看到的，这种问题决不能在配偶身上出现，如果出现，女孩会把双倍的愤怒倾泻到配偶身上。同样，男孩的母亲如果是贤妻良母，男孩会寻找与母亲相似的人成为自己的配偶，如果配偶做不好便会引起男孩的不满。如果男孩的母亲是有问题的女性，配偶决不能重复这样的问题，否则也会招致男孩的双倍愤怒，甚至引发家庭暴力。

有些人对自己的恋爱对象或配偶经常有莫名其妙的担忧，对对方的行踪和心理经常刨根问底，令对方不胜其烦。本来很美满的恋爱关系或夫妻关系会被这种不信任毁掉。经常就像手抓沙子，抓得越紧，从手中漏掉的就越多，而这种“抓紧”又不由自主。经进一步探索，这些当事人在幼年都遭遇过父母婚姻问题的刺激，总是担心自己的婚姻碰到同样的问题。

（二）父母情结问题的弥补

父母情结问题会对当事人自己当前的婚姻和家庭产生不良影响。解决这一问题的正确方法是正确看待父母的关系问题，正确看待父母系统中曾经出现过的问题，特别是注意修补幼年时父母的关系问题给自己带来的心理创伤，以平和的心态走入婚姻系统，配偶一方也要用体贴打消对方的顾虑。

七、家庭沟通问题及其加强

（一）家庭沟通问题

家庭沟通是指家庭成员之间彼此的思想交流。良好的家庭沟通会增进家庭成员之间的理解，减少因缺乏理解而产生的冲突。家庭成员回到家中能够交流每天出现和发生在身边的事，一方面交流有利于家人对自己的了解，另一方面交流可以帮助当事人缓解压力和情绪，这种交流对营造良好的家庭氛围具有重要意义。现实中并不是所有家庭都很重视这种交流，问题一旦出现，常常已经到了不可弥补的地步。沟通问题只是一个总称，具体表现形式多种多样。

1. 不想表达，觉得没有什么好说的

有的家庭成员遇事回家从来不会说给家人听，理由是“不想表达，没有什么好说的”，在家庭中闷声不响令其他人对其产生焦虑。有的家庭成员认为“我想什么他/她应该知道”。这种思想来源于原生家庭的互动结果。婚姻中的夫妻双方都来自不同的原生家庭，在原生家庭中，父母养育了自己二十多年，对自己的一举一动都非常熟悉，很多事不需要说出来，父母就已经预知了。结婚以后配偶替代了父母的位置，以为对方也会像父母一样。然而，配偶和自己一样也期待着对方心领神会地做出反应，而彼此根本不够熟悉，于是矛盾便产生了。

2. 不会表达，使用破坏性语言

有的家庭成员想表达却不会表达，就像思想家鲁迅在《立论》中提到的一个故事：别人家新添了个小孩，很多人都去祝贺，他也试图去祝贺，结果说了一句“这个小孩将来是要死的”，虽然是大实话，但是却说得非常不是时候。又如，妻子在家辛苦备置了一桌饭菜，丈夫回来却说“你就是一个忙碌的命”，把对方满腔的热情用冰冷的语言给打击回去。

3. 无效表达，令家人不胜其烦

有的家庭成员虽然表达的内容很多，但反复重复，导致对方一个字也没有听进去，成为无效表达。父母反复教育孩子应当如何，但引来的是孩子的逆反，无论重复多少遍，孩子根本没有听进去。

4. 带着不良情绪的表达

有些家庭成员的表达因为内在情绪问题，常常具有破坏性。“女博士是第三性别”“你买的这东西五毛钱都不值”。对方问：“晚餐怎么还没有准备好？”回答说：“你以为我在家玩呢？”问：“这饭怎么这么硬？”回答说：“你爱吃不吃！”其实完全可以说：“我今天太忙，明天多放点水。”

（二）家庭沟通的加强

上述案例让我们看到家庭中的交流是非常重要的。不仅有没有交流很重要，而且如何交流也很重要。《激情燃烧的岁月》中的一对夫妻从年轻一直吵到老，才发现彼此离不开对方。彼此不能分离却又不能友好相处，其中症结之一就是不会选择语言。明明想和对方温存而要求对方去洗澡，却被对方理解成了嫌他脏而暴怒导致分居。

曾经有一部国外的短片对夫妻交流语言做了两种不同的选择并演绎出两种不同的结尾。新婚的夫妻双方都有过离婚的经历。有一天他们去参加一个酒会，在酒会上，妻子把丈夫晾在一边而和丈夫的一个朋友聊了很长时间。丈夫回家以后破口大骂，他说女人都不是好东西，因为他的前妻就是因为喜欢和其他男人搭讪最后抛弃了他。下面是妻子的不同回答以及最终的结局。

第一个回答和结局：妻子听了丈夫的责骂立刻暴怒，也回骂说世界上的男人都是一个德行，都喜欢疑神疑鬼，前夫就是因此而暴打自己，现在看来你也不是什么好东西。这时丈夫愤怒到极点，上来就是一个嘴巴。妻子伤心至极，拿起手提包冲出门外。以后的生活可想而知，他们只好以离婚收场。

第二个回答和结局：妻子听了丈夫的责骂，知道丈夫曾经因为前妻的问题有过心理创伤，所以走过去抚摩着丈夫的手说："亲爱的，我知道你不喜欢看到我和其他男人说话，我今后一定注意。但我今天和你朋友聊天是因为他刚从某地旅游回来，我想了解一下那里的情况，因为我想和你去那里度蜜月。我是真心爱你的，除了你我不会爱上任何别的男人。"这时，夫妻之间的关系又和好如初。

两种不同的表达方式，表达的内容几乎相同，但得到的结果却截然不同，值得深思。家庭中不仅需要沟通，而且更需要正确的沟通方法。

八、内在小孩归属问题及其处理

（一）内在小孩归属问题

内在小孩是指深藏在我们内心的童年的自己。我们每个人都曾经是妈妈的孩子，小时候有压力、烦恼、痛苦时，我们常常会在妈妈面前由妈妈给我们安抚。长大以后，我们的压力越来越大，我们的烦恼越来越多，但当我们痛苦时，我们是不会到妈妈面前诉说的，一方面怕妈妈担忧，另一方面也会觉得这是一个成人要面对的问题，再也不能像孩子一样到妈妈那里寻找安抚。而我们内心的孩子依然是孩子，在痛苦和烦恼时依然需要别人给予安抚。女人常常在丈夫面前流眼泪，像小鸟一样依偎在丈夫身边。男人认为自己就应该像棵大树，被别人依靠，如果男人在女人那里示弱，让女人来安抚自己会被瞧不起的。这种错误信念让很多人不堪重负，生活中还有人由此引发了犯罪和心理疾病。

在实践中发现，很多人发生心理问题，是因为把压力独自扛着，憋在心里，日积月累，最终导致精神崩溃。当他们向配偶敞开心扉后，才发现其所遇到的问题不过如此。

当然也有女人不能理解和接受男人的诉说及依靠的情形，当男人示弱时便恶语相向，进一步强化男人的自卑和自闭，最终导致婚姻出现裂痕却又无法面对。

（二）消防救援人员也需要示弱

消防救援人员是一个强者的角色，穿上制服，在社会上成为无坚不摧的保护神，常常因此套上厚厚的面具，生怕别人看到自己脆弱的一面。但消防救援人员所承受的压力又大于常人，这就是消防救援人员身心存在问题的根本原因。消防救援人员要学会在家人面前示弱，学会让家人也照顾自己，让自己内在的孩子也能透透气。

当然，为避免前述的类似问题，消防救援人员首先需要在认知层面和意识层面都能取得家人的理解和支持。

九、付出与收取的平衡问题及其解决

（一）家庭内部的付出与收取的平衡

付出与收取的平衡是指家庭成员对家庭里或家庭外的付出与其收取要相当，否则就会出现心理上的不平衡。这个问题表面上看似乎很好理解，但实际生活中却是一个很复杂的问题。有人认为，爱就是无私的，不应当讨论收取问题；也有人认为，对家里人付出和收取平衡我能做到，但对家外的世界，我希望一点也不付出或付出很少而获取更多。

爱应该是无私的，这是很多人都希望和认同的。但这与付出和收取的平衡问题并不矛盾，一份无私的爱需要另一份爱来承载，它才有意义。如果一份无私的爱被一个自私的人来剥取和享受，这份爱就会有受伤的感觉。

当然生活中有人心甘情愿被剥取和依靠，但当他因为爱被掏空、突然中断向对方付出时，他所带给对方的只能是灾难。我们经常会看到父母对孩子的照顾无微不至，孩子乐享其成，父母无论有多累，都不允许孩子做力所能及的事，当父母积劳成疾而再也不能顾及孩子时，孩子却没有半点生活能力。

（二）家庭外部的付出与收取的平衡

很多人都希望对外部世界尽可能付出少而收取多。仔细体验一下，如果我们的每一点收取都是我们的付出所得，我们一定会非常珍惜。如果我们付出很少而收取很多，我们就会变得挥霍无度。这种挥霍如果偶尔为之，对一个人来说也许是正当的，因为人生付出就是为了很好地生活，偶尔挥霍也是一种生活体验。如果形成习惯性的挥霍，一方面，会使收取变得越来越不足，将不断刺激自己收取更多的欲望，而导致贪得无厌；另一方面，当家庭中出现挥霍现象后，系统内的规则将会逐步与外界不再对接，家庭系统中的成员将会生活在一种孤独状态中，导致心理逐步失衡。

当家庭中获取意外之财后，家庭成员所购置的物品的品牌和数量就会与社会其他人之间发生差异，这种差异会自动在自己和其他人中间竖立一道屏障，使相互之间发生隔阂。最明显的是那些家境突然变好的孩子，会用穿名牌、使用高档物品来显示自己，而周围的孩子会因为明显的差异而疏远这些孩子，那些拥有更多财富的孩子并不因此而获得更多友谊。当然在他们周围也会围着很多人来共同享受他们的财富，而一旦这种享受中断，围着的人也会各自散去，维系他们关系的也仅仅是财富而不会是真正的友谊。

德国著名心理治疗家海灵格认为，家庭系统中有一种隐藏的良知，付出与回报必须相当，否则家庭会出问题，特别是不当经济收入与婚外情的杀伤力最强。

国家赋予消防救援人员职业行政强制力，这就意味着消防救援人员是有一些权力的，有权力的地方就会有寻租的可能，而寻租只会给自己带来不利，不会有任何好处。

（三）代际之间的付出与收取的平衡

代际之间也存在付出与收取的平衡问题，很多人抱怨自己的父母或抚养人没有足够的付出导致自己成长中有很多遗憾的地方。海灵格认为，人只要能活下来就说明父母或抚养人已付出了足够的努力，给了当事人生存的足够力量。只是每个人的能力不同，所以付出的多少会有差异。因此，每个人都应当感激自己的抚养人，而不是抱怨。

习题

1. 简述良好家庭关系对消防救援人员的意义。
2. 简述消防救援人员家庭常见的问题。
3. 结合生活经验，思考消防救援人员个体对家庭常见问题的应对措施。

第五章　消防救援高效团队建设

团队是有着高度凝聚力的群体。在消防救援事业不断发展的今天，消防救援任务变得愈加复杂，救援人员构成更加多样化，救援分工更加细化，若要提高团队的竞争力和创造力，不能仅仅依靠成员的单打独斗，需要一个有着高度凝聚力的团队才能实现。凝聚力的高低直接关系着团队的发展水平，如何提高消防救援团队凝聚力已经成为一个亟待解决的问题。

第一节　概　　述

一、团队的内涵和构成

（一）内涵

关于团队的定义，其中最有代表性的是美国思略特公司董事总经理乔恩·R·卡曾巴赫在其著作《团队的智慧》中所给出的概念：团队就是由少数有互补技能，愿意为了共同的目的、业绩目标而相互承担责任的人们组成的群体。

团队和我们常见的工作群体是不同的。群体可定义为两个或两个以上相互作用和相互依赖的个体，为了实现某个特定目标而结合在一起。在工作群体中，成员之间相互作用、相互约束，共享信息，做出决策，帮助每个成员更好地承担自己的责任。工作群体中的成员不一定要参与需要共同努力的集体工作，他们也不一定有机会这样做。因此，工作群体的绩效仅仅是每个群体成员个人贡献的总和。而工作团队就不同，它通过其成员的共同努力能够产生积极的协同作用，其团队成员努力的结果使团队的绩效水平远大于个体成员绩效的总和。群体和团队模型如图 5-1 所示。

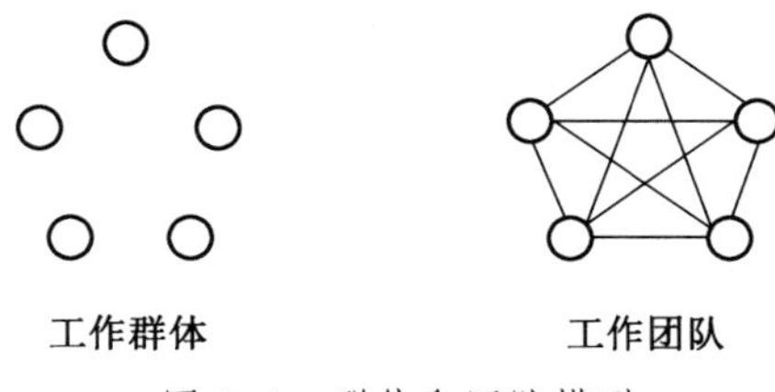

图 5-1　群体和团队模型

（二）构成

1. 团队的目标

有效、成功的团队具有一个或多个团队成员共同追求的、有意义的目标，这个目标能够为团队成员指引方向、提供推动力，让团队成员乐意为实现目标贡献力量。成功的团队在确定目标后，还会将其转变成为具体的、可以衡量的、现实可行的绩效目标。具体的目标可以促进明确的沟通，有助于团队把自己的精力放在达成有效的结果上，是团队激励的重要因素。

2. 团队的规模

一般认为，一个团队合适的人数规模为 2~16 人，优秀的工作团队规模比较小。一些研究得出了这样的结论：如果团队成员需要面对面的顺畅交流，规模最多为 12 人；7 人或更小规模团队的成员的交往方式与 7 人以上的团队不同。

3. 团队的成员

成员多样化或异质化对团队绩效的影响是复杂的。有学者认为，异质性与团队的创造性和决策的有效性有关，异质性包括个性、性别、态度、背景或经验等方面的特征。另外还有观点认为，团队成员之间的熟悉度也会对团队的工作绩效产生一定的影响。

4. 团队的领导

团队的目标是明确的，但目标只是明确了团队最终所要达成的结果。如何把目标转化为实际行动，还需要团队领导提供运作的重点和方向。在团队中谁做什么和做多少的问题，应由团队的领导和团队成员取得一致意见。团队领导需要决定的问题还有：如何安排工作日程，需要开发什么技能，如何解决冲突，如何做出决定和进行修改。此外，还要决定成员具体的工作内容，并使工作任务适应团队成员个人的技能水平，这些都需要团队的领导发挥作用。

二、团队的要求和特点

（一）要求

1. 明确的目标

团队的每个成员可以有不同的目的、不同的个性，但作为一个整体，必须有共同的奋斗目标。

2. 清晰的角色

团队的成员必须在清楚的组织架构中有清晰的角色定位和分工，团队成员应清楚了解自己的定位与责任。

3. 专业的技能

团队成员要具备为实现共同目标的基本技能，团队成员间能够有良好的合作。

4. 相互的信任

相互信任是一个成功团队最显著的特征。

5. 良好的沟通

团队成员间拥有畅通的信息交流，才会使成员的情感得到交流，才能协调成员的行为，使团队形成凝聚力和战斗力。

6. 合适的领导

团队的领导往往起到教练或后盾作用，他们对团队提供指导和支持，而不是企图控制下属。

（二）特点

1. 整体性

在高效的团队中，整个集体的效率取决于全体成员的合作和共同努力。整体大于部分之和，每个人的力量虽然有限，但当大家组成一个整体时，会产生出新的合力、新的力量，增强了团队的力量，提高了团队的效率。

2. 凝聚性

高效的团队对个体具备特有的吸引力，他们可以从团队中获得利益，并形成团队的整体个性和力量。团队的目标和利益是从团队成员利益出发，并且对社会和他人有着极其积极的意义，每个成员身在其中为自己属于这样的团队而骄傲、自豪。

3. 灵活可变性

高效的团队并不是只拥有一个领导。领导的位置在广泛的范围内可以轮换。领导为团队共同的目标而努力，而不是出于个人私利，一旦自己的能力影响团队发展，立刻推举新的能力更强的领导来带领团队。

4. 个体尊重性

尊重每一个人的存在和价值，是高效团队的重要特征。在高效的团队中，团队成员彼此照顾和培养，没有任何一个成员是价值小的或者是不被赏识的，每一个团队成员都是不可或缺的，都是有自己独特价值的。

5. 互相支持性

高效团队的成员在共同完成任务时，对领导的决策都能给予最积极的支持，同时对周围有共同目标和志向的团队伙伴给予相互鼓励。

6. 成果共享性

高效的团队成员能共同面对困难，克服困难。困难过后，能共同分享成功经验或不足之处、相互信任。

有一些动物很善于团队合作，如加拿大鹅。加拿大鹅的飞行团队是很有特色的。加拿大鹅以“∧”字形的飞行方式著称，尤其是在春秋季节的迁移时期。当每只鹅振翅高飞时，它可以给其他跟随的鹅一种“举起”的升力。通过“∧”字形群体的飞行，可以比每只鹅单飞时增加71%的行程。当头鹅疲倦时，它便转回到鹅群的后面，另一只鹅马上飞到头鹅的位置上。当一只鹅生病、受伤或被射下来时，马上有两只鹅离开这个鹅群，并跟着它，以便帮助和保护它，直到它死亡或者能重新飞行，之后它们加入另一鹅群或追上原来的鹅群。另外一个特征就是当这些鹅飞行时，它们不停地大声鸣叫。加拿大鹅飞行的时候从来没安静过，由于这种声音，人们很容易知道它们什么时候从空中飞过。然而，这种鸣叫不是随意的，它是队形后面的鹅发出的，用来鼓励、支持和催促头鹅，飞在“∧”字形顶端的头鹅是不会叫的。

三、团队中的沟通与合作

（一）团队中的沟通

当今“沟通”的概念被广泛地使用。美国哲学家理查德·麦基翁指出，未来的历史学家在记载我们这代人言行的时候，难免会发现我们这个时代专注于沟通的盛况，并将它置于历史的显著地位。

1. 概念和意义

沟通，是指在特定情境或环境下两个或两个以上的人利用言语的、非言语的手段进行协商谈判以达到相互理解的过程。它是信息、思想和情感在个人和群体间的一种传递过程。团队成员之间难免会有各种矛盾、分歧和误会，沟通是团队成员的基本能力。只有通过公开、坦诚的沟通，才能消除误会、消除分歧，提高团队工作效率。

2. 路径、结构和模式

（1）沟通的路径。团队内沟通的路径分为正式沟通路径和非正式沟通路径。正式沟通路径是指团队内按照规章制度所规定的沟通方式，一般可分为三种。一是下行沟通，即由上级直接对下级发布命令和指示。这种沟通能使团队优化组织结构，古典管理心理学家特别重视这种方式，但这种方式易形成权力气氛，因而影响积极性的发挥。二是上行沟通，即由下级向上级提出报告，表明建议、意见、态度等。现代组织十分重视鼓励员工的上行沟通，认为这是参与管理的必经路径。三是平行沟通，即同一层次的人际沟通，平行沟通能协调平级关系。

非正式沟通路径是指所有的正式沟通路径之外的信息渠道，如两个人之间的私人交谈，一般流传的“小道消息”以及团队成员之间的非正式闲谈等。谣传是非正式沟通路径的一大特点。由于信息传递的非正式性，故几乎不可能确定信息的真正来源，经多人、多次口头传播后，信息容易失真。非正式沟通有时会给团队带来消极影响。但在一定的条件下，它也可能成为正式沟通路径的辅助途径，可以表达某种不适宜在正式沟通路径中表达的意见或心情意向。要限制非正式沟通路径的消极影响，重要的是使正式沟通路径保持畅通，用正式信息代替小道消息，同时，设法发挥非正式沟通路径的长处，弥补正式沟通路径的不足。

（2）沟通的结构。美国学者莱维特研究了不同正式沟通结构对沟通效率的影响。他认为存在五种沟通结构，即链式、轮式、圆周式、全通道式和“Y”式，如图 5-2 所示。

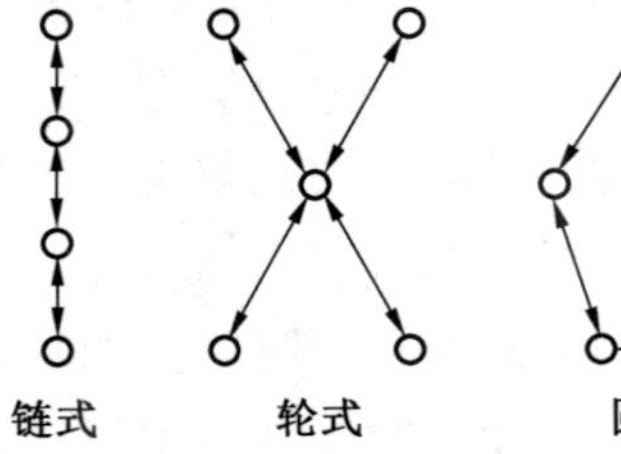

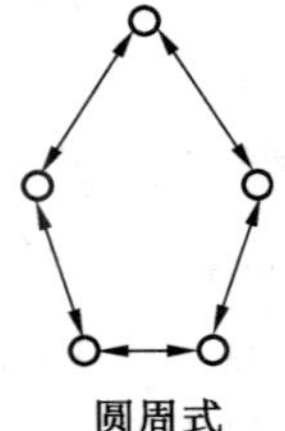

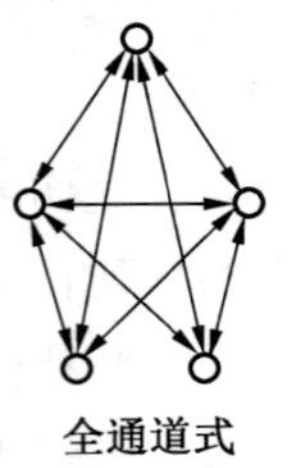

图 5-2　五种不同的沟通结构

（3）沟通的模式。沟通的模式分为两种，即双向沟通和单向沟通。双向沟通是指信息在两人之间呈双向流动，每个人既是传达者，又是接收者。它是根据反馈原理，帮助传达者了解信息在实际上是如何被接收和理解的，从而提高沟通效率的一种模式。而单向沟通是指传达者向接收者发出信息，而没有反馈传回传达者，传达者不知道接收者是否理解了该信息。

双向沟通和单向沟通各有特点。从沟通速度来看，单向沟通快于双向沟通；从沟通信息的正确性来看，双向沟通的互动功能优于单向沟通；从秩序来看，单向沟通显得安静、规矩，而双向沟通显得活跃、吵闹，有时甚至会跑题。单向沟通中的传达者往往事前要做较为周密的准备工作，而双向沟通中的传达者虽事先并不需要做过多的准备，但由于沟通过程中存在不可预知、不可控制的因素，因而往往承受着较大的心理压力。沟通的具体方式有很多种，包括语言沟通和非语言沟通等，沟通已成为一种艺术，正在受到越来越多的关注和研究。

（二）团队中的合作

1. 团队合作的意义

团队合作可以提高团队整体的效率，可以避免不必要的损失，可以提高团队的工作业绩，使团队的工作业绩超过成员个人的业绩总和，也就是整体大于部分之和。

以篮球运动为例，当你拿到一个球时你有两种选择，你既可以自己投篮，也可以传给队友，如果传给队友可以获得100%的得分机会，那么哪怕自己投篮的成功概率是99%，你也应该把球传出去。每个人尽管在某一方面可能很优秀，但不可能是全才，必须发挥协作精神，成功的可能性才更大。NBA从各个球队中挑选最优秀的球员组成的梦之队，在巡回比赛时往往打不过技术比较差的球队。原因何在？梦之队的每个球员都出类拔萃，但因为他们在一起相处的时间很短，成员间缺乏协作、配合，团队的优势没有很好地发挥出来。

2. 团队合作的途径

狼群是一个高度合作、运作优良的团队。头狼发号施令，群狼各就各位，号叫之声此起彼伏，互为呼应，有序而不乱。待头狼昂首一呼，主攻者奋勇向前，佯攻者避实击虚，助攻者号叫助阵。这种高效的团队协作性，使狼群在攻击目标时无往而不胜。一只狼的力量是很有限的，但狼群的力量则是空前强大的，所以有“猛虎也怕群狼”的说法。其实狼群不仅善于内部合作，还善于与外部各个方面进行合作。例如，狼群跟乌鸦的合作。乌鸦发现动物的尸体后大声鸣叫，狼群听到后用自己的利牙撕开尸体的胸膛，双方都能获取食物。在动物中，深谙合作之道的除了狼群之外，还有人们较为熟悉的蚂蚁、蜜蜂等，小小的蚂蚁通过团结合作可以拖动巨大的蟒蛇。

在专业分工愈加精细的今天，合作愈加重要。例如，诺贝尔奖项目中，因协作获奖的占2/3以上。在诺贝尔奖设立的前25年，合作奖占41%，而现在则跃居80%。

人际关系研究表明，没有人喜欢骄傲自大的人，这种人在团队合作中也不会被大家认可，只会被认为肤浅和无知，而谦虚则会让人清楚自己的短处，从而在他人的帮助下不断进步。团队有效合作要遵循以下原则。

（1）寻找团队成员积极的品质。在一个团队中，每个成员的优势和劣势各不相同，如果团队的每个成员都去积极寻找其他成员的闪光点，那么团队的协作就会变得很顺畅，团队整体的工作效率就会提高。

（2）信任并寄希望于其他成员。由于人性的弱点，人与人之间经常会因猜忌和防范心理而给团队合作筑起一道藩篱。其实每个人都有被别人重视的需要，有时一句鼓励和赞许的话就可以使别人释放出无限的工作热情。当你对别人寄予希望时，别人也同样会对你寄予希望。

（3）善于沟通，互相理解和支持。团队工作需要团队成员间互相支持和认可，所以必要的沟通，理解其他成员，通过适宜的方式让其他成员理解自己这三点十分重要。在碰到困难时，团队成员能够互相倾诉、互相提供支撑。

（4）保持谦虚，戒骄戒躁。团队中的每位成员都有自己的优势和不足，所以必须保持足够的谦虚，检讨自己的不足，如自己是否太过冷漠或者过于固执狭隘。这些缺点在团队合作时会成为自己进一步发展的障碍。团队工作需要成员在一起不断地讨论，如果固执己见，无法听取他人的意见，或无法和他人达成一致，团队的工作就无法开展。

第二节　消防救援团队凝聚力

团队的形成是在共同的团体活动中实现的，团体成员之间从最初的生疏到凝合，经历了适应、沟通、认同的心理过程。研究消防救援队伍形成过程的心理特点和规律，可以加强对消防救援集体建设的指导，提高消防救援团队的凝聚水平。

一、概述

（一）团体凝聚力及其特征

团体凝聚力又叫内聚力。美国社会心理学家费斯汀格把群体凝聚力定义为“使成员保持在群体的合力”。消防救援团队凝聚力是消防救援队伍这个特殊集体对所有成员的吸引力、成员对群体的向心力以及成员之间的亲和力与协同性的综合体现。人员团队凝聚力愈强，就愈能充分发挥救援人员个体的作用，顺利地实现团体目标。凝聚力强的团体，使人员意识到自己作为团体的一员并在其中占据一定的地位，增强了认同感和自信心；团体成员经常与他人保持密切交往，共同的目标和价值观使得彼此互相认可、互相支持、互相帮助、求同存异；当成员表现出符合团体规范，符合团体期待的行为时，团体就会给予赞许与鼓励，进一步强化了积极行为，从而使个人信心更足，决心更大，潜力得以有效发挥，团体凝聚力是群体存在的必要条件。

消防救援人员团体凝聚力的主要特征有以下三点。

1. 士气高昂

士气高昂是凝聚力强的基本特征。士气是指团体中救援人员的精神面貌和救援情绪。

2. 荣誉感强

一个分队凝聚力强时，广大消防救援人员会表现出强烈的集体荣誉感，并产生积极维护荣誉的心理倾向。

3. 完成任务好

凝聚力强的分队，一般都有完成任务好的特征。这是因为凝聚力强的分队，一般都能很好地处理内部矛盾，正确的意见能得到大多数成员的支持。当个人的需要和利益与团体利益和需要不一致时，会以团结精神进行自我调节和控制，而不会增强矛盾和内耗。当在执行任务中面临危险和困难时，会表现出紧密团结、坚决捍卫人民利益的毅力，维护集体荣誉。

（二）团队凝聚力的心理作用

消防救援人员团队凝聚力越高，就越能充分发挥“活动的主体”作用，顺利实现群体目标。凝聚力高低是一个团体的重要特征。一般来讲，凝聚力高的团体，如同一块磁铁，能够吸引住每一个成员，使成员感受到团体的价值，自觉地维护团体利益，实现团体目标；团体中人际关系融洽，成员之间的沟通和交往比较频繁、密切，互相能够满足对方心理上的需要，彼此具有较强的吸引力。在这样的团体中，成员比较愿意承担更多推动团体发展的责任和义务，并且倾向于为团体的利益牺牲个人的利益，甚至生命。成员在许多事情上会自觉保持一致，整合性强。这在战争年代表现得尤为明显。一些战士为了保证革命目标的实现，不暴露自己所在队伍的隐蔽地，或是为了完成队伍交付的任务而不惜牺牲自己的宝贵生命，如被烈火吞噬始终纹丝不动的邱少云，以身体为支撑点炸毁敌人碉堡的董存瑞等英雄人物。这些战士的英勇行为是伟大的精神信仰所驱动的。相反，凝聚力低的团体，对成员就缺乏吸引力。团体内成员之间的沟通和交往比较少，思想、感情上存在分歧、冲突，心理难以相容，整合性弱。团体对个体、个体与个体之间吸引力小，甚至完全没有吸引力，团体的生命力和影响力逐渐消退。

团体凝聚力的高低对成员间的人际关系、心理情绪、精神面貌、工作效率等都会产生不同程度的影响，也密切关系到团体的存在、发展，团体目标的完成，团体活动的开展。提升团体凝聚力是加强集体生命力的必由之路。

1. 团体归属感

团体的存在，使其成员有一定归属感。凝聚力强的团体能满足人的安全需要、自我确认需要。归属于某一团体，就受到该团体的支持和保护，同时使人意识到自己作为团体中的一员并在社会中占据一定的地位，这就增强了个人的力量感和自信心。团体凝聚力越高，取得的成就越大，就越能激起其成员的归属感，他们的自尊心、荣誉感也越强烈。

2. 团体认同感

团体认同感即团体成员在认知和评价上保持一致的情感。个体在凝聚力强的团体中经常与他人保持联系，共同的目标和价值观使人们互相认可、互相支持、互相帮助、求同存异，努力保持个体与团体心理相一致。如果团体凝聚力高，人际关系密切，个体的各种需要能得到满足，人们就自觉、主动地与团体产生认同。

3. 团体力量感

在团体凝聚力强的条件下，当个人表现出符合团体规范，符合团体期待的行为时，团体就会给予个人赞许与鼓励，以支持其行为，从而使其行为得到进一步强化，使个人信心更足，决心更大。

总之，团体凝聚力的心理作用表现为知、情、意三方面。归属感是个人感情上的支持，认同感则对个人的认知给予知识与信息；力量感则给个人以力量，使个人的活动能坚持不懈。

二、消防救援人员团队凝聚力的影响因素

消防救援人员团队凝聚力的形成受多种因素的制约，概括起来主要有以下四种因素。

（一）领导方式

消防救援人员团队凝聚力的大小与领导的行为有着密切的关系。领导者之间的团结，领导者的表率作用，领导者为人处事正直、公道、公平，领导者关心体贴下属等都有利于成员集体凝聚力的提高。此外，领导方式对成员凝聚力也有直接的影响。根据心理学实验，实行民主领导方式的群体比实行专制和放任领导方式的群体，成员之间更友爱，更活跃，相互交往更多，感情更积极，因而，凝聚力和士气就更高。在一个团体中以哪种领导方式为最佳，不能一概而论，要因时、因地、因人而异。在救援环境条件下，或者当下属还未形成较高的思想觉悟和自觉的纪律性的情况下，采取集中的专断领导方式可能效果较好。而在下级已有较高觉悟和自我约束力、有一定的专业文化知识和能力的情况下，应当避免专断，大力提倡民主作风。周总理曾在谈到领导作风时指出：我们的领导同志应该具有列宁的工作风格，即“俄国人的革命胆略，美国人的求实精神”，还应该具有毛泽东同志的工作作风，即“中华民族的谦逊实际；中国农民的朴素勤勉；知识分子的好学深思；革命军人的机动沉着；布尔什维克的坚韧顽强”。

（二）成员目标、信念和态度的一致性

大量的科学研究发现，成员对团体目标的赞同与否直接影响团体凝聚力。个人赞同团体目标，才会对团体发生认同感，从而增强凝聚力。如果集体确认的目标既有价值，又有个人意义，在团体目标实现后既提高了团体的威望，又满足了多数成员的愿望和需要，那么这个团体的凝聚力就会加强。

（三）团体成员的心理相容

心理相容是指团体成员与成员、成员和团体、领导者和群众、领导者之间的相互吸引，和睦相处，相互尊重，相互信任，相互支持。若是心理不相容，则表现为相互排斥，相互猜疑，相互攻击，相互歧视。心理相容是团结的心理基础，也是实现团体目标

的重要保证。一个团体内，每一个成员所扮演的角色不同，完成的工作任务不同，因而，需要不同智力水平和不同智力结构的人共同协作，取长补短，才能增强团体的凝聚力。团体成员在智力、性格、气质、性别和年龄等方面如能互补，则往往会增强团体的凝聚力。

（四）外部压力的推动作用

外部压力使团体成员能充分意识到团体的生存价值，从而增强团体成员的凝结性。一个民族在外来侵略势力面前，会齐心协力，同仇敌忾，共同抗击侵略者；一个群体在面对强大对手的激烈竞争时，就会抱团。在外部压力的推动下，团体成员之间在认识上更容易达成一致，彼此更能产生情感共鸣，在意志行动上更能达成一致。

第三节　高效消防救援团队的铸造

团队在当今社会中的作用日益凸显。消防救援团队的建设也作为进行消防改革、提高工作效率的重要途径，越来越引起各级消防救援部门的重视，在消防救援队伍的建设过程中，如何高效、成功地建设一批成功的救援团队，是队伍建设的一个重要任务。

一、牢固树立消防救援职业精神

高效消防救援团队的核心是消防职业精神的引领。树立消防救援职业精神必须注意以下两点。

（一）发挥典型示范作用

消防救援队伍中涌现出来的英模、标兵等身上所体现出的职业精神是非常典型的。他们的英雄事迹、献身精神等影响着团队的精神追求，他们身上体现出的是社会和消防救援队伍对消防救援人员的希望，对团队起着目标和引领作用，对优秀救援团队的形成起着重大作用。因此，可用重点树立模范、标兵等各类先进典型的方式来建设救援团队，通过这些具体的、具有强烈时代气息的榜样，引导更多优质团队的健康成长。

（二）强化消防救援人员的职业使命感

强化消防救援人员的职业使命感，应从以下三个方面入手。一是具备条件的地方，可建立一些消防救援人员图书室、阅览室、文化娱乐活动中心、荣誉陈列室、英模纪念馆、博物馆等设施和场地，使消防救援人员感受到职业的神圣性，增加认同感和价值感。二是多举办一些与消防救援人员相关的文艺表演、演讲比赛、知识竞赛、歌咏比赛以及美术、书法、摄影作品展览和艺术展览等各种形式、各种层次的文艺活动，使消防救援人员从中得到美的享受、情操的陶冶、人生的启迪、精神的升华。三是在网络、电台、电视台、报刊等传媒机构建设消防救援人员宣传基地，动态、常态地对消防救援工作进行客观地报道宣传，力争使救援工作得到更多群众的理解、认可和接纳。

二、确保良好的队伍环境

个体所处的环境，会影响他们的各种行为。良好的环境是优秀高效的救援团队形成的基础。从广义上来说，可以把环境分为物质环境和精神环境。物质环境可以对消防救援人员产生感召式的影响。既让消防救援人员倍感亲切、和谐，又能够规范其行为、陶冶情操，环境氛围会对消防救援人员产生潜移默化的促动。

高效优秀的救援队伍必然有着良好的精神环境或者说是和谐的心理氛围。首先，队伍的领导应该尊重每一个成员，看到每一个成员的优势，真心地欣赏自己的成员。其次，在没有保密、紧急等特殊原因时，尽可能地采取民主式领导方式，听取大家的意见，调动成员的积极性。再次，当队伍中出现矛盾时，要注意及时沟通，并引导大家把目标指向外部。通过种种努力，最终形成一个每位成员都能从中感受到温暖、认可、信任和鼓励的和谐团队。

三、合理安排团队成员构成

高效救援队伍的成员构成需要遵循管理学和心理学的相关规律。例如，要遵循成员的异质性规律。成员具有一定的异质性可以使救援团队成员之间形成互补和合力，降低犯错误的概率，实现团队价值最大化。

每名救援人员都有自己的长处，救援团队的管理者要善于发现每个人的长处，并把他们安排到合适的位置。一个高效的救援团队至少应该包括三种不同类型的技能。第一，需要具有技术专长的成员。第二，需要具有决策技能，能够发现问题、提出解决问题的建议，并权衡这些建议，然后做出有效选择的成员。第三，团队需要若干善于聆听、反馈、解决冲突及具有其他沟通技能的成员。如果一个救援团队缺乏某一类成员，就不能正常运转或者不能充分地发挥其绩效潜能。在必要时，团队内部可以成立专门的人力资源部，根据个人特点和不同岗位需要来安排每个人员的职位。

四、努力提升团队凝聚力

（一）强调救援团队整体性

让救援团队的每一个成员明确，团队的成功必须依靠所有成员的共同努力，一定要目标一致、共同奋斗，避免擅自行动和个人英雄主义。

（二）强化救援团队集体奖励

使成员感受到集体的荣誉，从而增强凝聚力。如果过多使用个人奖励，可能会导致团队内部的过度竞争，不利于团队凝聚力的形成。

（三）注重救援团队集体效能感

集体效能感，是指一个团队的成员对于他们的团队能够完成某项任务的共同信心。高度的集体效能感，是优秀救援团队的共同特征。研究表明，集体效能感越高，团队取得的成绩越好。

（四）控制救援团队规模

科学设置团队的规模可以有效提高团队的凝聚力和救援效能。救援团队规模一般控制在2~16人最好。规模过大，容易产生内部派别；规模过小，则难以形成合力。另外，不同的分工、不同的任务可能需要不同的团队规模，要根据具体情况而定。

（五）加强救援团队心理训练

救援团队的凝聚力可以通过团队心理训练来增强。国外早前已经开展团队心理训练，国内目前也有很多地方已经开展了各种各样的团队心理训练的尝试。虽然形式各异，但都有一个共同点，就是通过团队共同克服困难、完成任务的过程，让救援团队成员体验到合作的力量和技巧，增强团队的凝聚力。

习题

1. 团队的构成要素有哪些？
2. 团队的功能是什么？
3. 如何铸造高效的消防救援团队？

第六章　消防救援人员职业心理建设

第一节　消防救援人员的职业生涯规划

一、概述

（一）职业生涯规划的定义

职业是人们从事的相对稳定、有合法收入、专门类别的工作。职业也是一种社会位置，是获取社会资源的基本途径。生涯，英文是“career”。“生”，即“活着”；“涯”，即“边界”。广义上理解，“生”，指与一个人的生命相联系；“涯”，则有边际的含义，指人生经历、生活道路和职业、专业、事业。人的一生，包含少年、成年、老年三个阶段，成年阶段是最重要的时期。这一时期之所以重要，是因为这是人们从事职业生活的时期。

职业生涯这个概念的含义曾随着时间的推移发生过很多变化。在 20 世纪 70 年代，职业生涯专指个人生活中和工作相关的各个方面。随后，又有很多新的意义被纳入“职业生涯”的概念中，其中甚至包含了生活中关于个人、集体以及经济生活的方方面面。职业生涯有内外之分，内职业生涯主要是指在职业发展中，获取的知识、观念、经验、能力、心理素质、内心感受等的总和；外职业生涯是指在个体的职业发展过程中所经历的职业角色、职位及获得的物质财富等的总和。在理论上，内职业生涯与外职业生涯之间交叉前行，不断寻求新的平衡点，在动态平衡过程中，个体的职业不断发展。当个体能力比职位高时，可以获得职位提升及外职业生涯的发展。当职位任职标准比个体的能力高时，则会推动个体提升任职能力及内职业生涯的发展。

职业生涯规划也叫“职业规划”。在学术界人们也喜欢叫“生涯规划”，在有些地区，也有一些人喜欢用“人生规划”来称呼，其实表达的都是同样的内容。职业生涯规划又叫职业生涯设计，是指个人与组织相结合，在对一个人职业生涯的主客观条件进行测定、分析、总结的基础上，对自己的兴趣、爱好、能力、特点进行综合分析与权衡，结合时代特点，根据自己的职业倾向，确定其最佳的职业奋斗目标，并为实现这一目标做出行之有效的安排，它是一个人对职业生涯乃至人生进行的、持续的、系统的、有计划性的过程，其内容包括学习、对一项职业或组织的贡献和最终退休。

（二）职业生涯规划的起源

职业生涯规划最早起源于 1908 年的美国。有“职业指导之父”之称的弗兰克·帕森斯针对大量年轻人失业的情况，成立了世界上第一个职业咨询机构——波士顿地方就业局，首次提出了“职业咨询”的概念。从此，职业指导开始系统化。到20世纪50—60年代，美国职业管理学家舒伯等人提出“生涯”的概念，于是生涯规划不再局限于职业指导的局面。

（三）职业生涯规划的价值

提到职业生涯规划，人们一般会联系到那些还没有找到相应职业的人，认为这些人需要对自己的兴趣、爱好、价值观进行详细的分析，然后寻找适合自己的职业并对自己的未来作进一步的规划。消防救援人员已经进入到特定的职业范围内，在这样的职业中又有着具体的职业要求。个体职业生涯规划并不是一个单纯的概念，它和个体所处的家庭、组织以及社会存在密切的关系。随着个体价值观、家庭环境、工作环境和社会环境的变化，每个人的职业期望都有或大或小的变化，因此它又是一个动态变化的过程。对于个体来说，职业生涯规划的好坏必将影响整个生命历程。我们常常提到的成功与失败，不过是自身所设定目标的实现与否。个体的人生目标是多样的，诸如生活质量目标、职业发展目标、对外界影响力的目标、人际环境等社会目标……整个目标体系中的各因子之间相互交织影响，而职业发展目标在整个目标体系中居于中心位置，这个目标的实现与否，直接引起成就与挫折、愉快与不愉快的不同感受，影响着生命的质量。

消防救援人员通过职业生涯规划，可以在以下六个方面得以提升。

（1）突破生活的“条条框框”，塑造清新充实的自我。

（2）以既有的成就为基础，优化奋斗策略。

（3）评估个人目标和现状的差距，准确定位职业方向。

（4）准确评价个人特点和强项，扬长避短，发挥职业竞争力。

（5）将个人、事业与家庭联系起来，获得家庭、事业双发展。

（6）加快适应工作，提高工作满意度，使事业成功最大化。

二、消防救援职业生涯规划的误区

（一）职业生涯规划可有可无

职业生涯规划观念淡漠，是消防救援人员的普遍特点。不少消防救援人员认为职业生涯规划可有可无，反正都是包分配，到哪工作听天由命。有的消防救援人员认为，目前还在队伍就职，未来有太多不确定的因素，现在规划自己为时尚早。这样的一些想法造成的后果就是学习无目的性，荒废了宝贵的时间，错过了有目的、有计划地发展人生，从而取得成功的大好时机。

（二）职业生涯规划是退出人员的主要任务

不少消防救援人员在谈及职业生涯规划时，都毫不怀疑地认为，这是退出人员的主要任务，而处于尚在队伍就职的人员是不必为此浪费时间的，后者认为计划不如变化快，职业规划等到即将退出时再做不迟，这其实是一种误区。如果不从走进队伍的第一天开始就树立职业规划的理念，并在专业人士的指导下，逐渐形成自己的职业发展规划，到退出队伍时就会陷入盲目状态。当意识到自己在专业水平和能力方面存在的不足时，已经无能为力，出现不知所措的尴尬局面。

（三）职业生涯规划中的自我定位不准

进行自我评估的目的是要找出自己的优势和不足，但许多消防救援人员在评估过程中看不到自己的优势所在，随之而来的是对自己的过分否定，认为自己一无是处，不断从自己身上找缺点并克服这些缺点。过分否定自己，容易让自己失去信心。缺乏自信的人，事业是无法取得成功的。

（四）职业生涯规划急功近利，把就业、职业与事业混为一谈

不少消防救援人员忽视职业生涯规划过程的动态性和阶段性，盲目从众，急于求成，甚至企图走捷径实现目标，不考虑自己的实际情况。

有些消防救援人员把就业、职业、事业混为一谈，认为就业等同于职业，甚至把就业与一生的事业发展画上等号。职业生涯设计师徐小平认为人生职业分为三个层次：第一层次是就业，维持生存；第二层次是职业，从事比较稳定的工作，满足基本的物质需求；第三层次是事业，这个层次不仅有丰富的生活物质，更有精神上的满足感。这三个层次须逐步推进，逐步实现，无法一步到位。

三、消防救援职业生涯的具体规划

（一）职业生涯发展路径

个体一生的职业生涯发展有以下三种模式。

1. 纵向发展

纵向发展又称直线发展或斜坡发展，如管理岗位从员工、主管、副部、正部、副总裁到总裁的直线晋升；工程技术类岗位从技术员、助理工程师、工程师到高级工程师的直线晋升；在消防救援队伍中，如干部从指挥员到总监衔级的直线晋升，消防员由消防士到消防长的直线晋升。

2. 横向发展

横向发展即岗位的级别不变，从边缘层向组织的决策核心层移动，更接近于组织的权力中心。如从消防支队的秘书岗位到总队的秘书岗位，虽然岗位的等级没有变化，但由于更接近组织的权力中心，就会有更多的管理、处置难题的机会，同时也能获得模仿和学习的机会，有更多的信息源和信任机会。在纵向晋升困难的情况下，横向发展也是一种内职业生涯的发展模式。

3. 同心圆式发展

同心圆式发展即围绕组织的权力中心，半径不变，做同心圆运动，其具体的模式包括岗位轮换，工作丰富化、工作扩大化等。同心圆发展并不是真正意义上的职位晋升，本质上也属于一种内职业生涯的发展，可以为未来的外职业生涯发展奠定基础。

过去，职业生涯的发展往往意味着升迁和纵向发展，但随着竞争的加剧，每个人职业生涯发展的不确定性大大增加，职业生涯却意味着选择和螺旋式、平移式发展。学历和证书在过去是职业生涯发展的通行证，而当今社会，个性特质、品德、人格、政治素养等方面的辅助竞争优势也越来越重要。

（二）职业生涯发展阶段规划

1. 职业生涯发展阶段

关于职业生涯发展，美国职业指导专家金斯伯格认为职业生涯发展要经历空想期（11岁以前）、探索期（11~17岁）和现实期（17岁至成人）这三个阶段。舒伯把人的职业生涯划分为五个主要阶段：成长阶段（0~14岁）、探索阶段（15~24岁）、建立阶段（25~44岁）、维持阶段（45~64岁）和衰退阶段（65岁以上）。

按照我国目前75岁左右的人均寿命分析，用来做职业发展的时间，一般是22~65岁，大致有43年的时间，而这43年的时间大致可以分为以下五个阶段。

第一阶段是职业生涯的探索期，一般是在22~25岁。该阶段工作者可能面临的主要疑问包括：我是谁？我能做什么？其迷茫的主要原因在于缺乏自信和社会经验，改变的重心是学习专业知识和自我管理能力，可以向书本学，向前辈学，在干中学，以求尽快上手，顺利完成岗位相关的工作，并融入团队的工作氛围中。

第二阶段是职业生涯的塑造期，一般是在26~30岁。在该阶段有两个任务。一是在某个领域形成自己特有的技能和创造力。工作者可以在工作的相关领域适当改换工作方式，这样不仅能够开阔视野，还能够测试下自己究竟适合哪种岗位。二是发挥业余爱好和特长，在单位内部织造初步的人际关系网，利用自己已形成的业余特长，加入单位的非正式组织，如羽毛球、篮球等各种协会，并且努力在各类比赛中出类拔萃，这样既能够提高自身曝光度和影响力，也能够跨部门去认识一批志同道合的同志，这会为未来的中长期的职业发展提供助力。

第三阶段是职业生涯的锁定期，一般是在30~35岁。在工作5~10年后，个体一般在某个领域或岗位已经形成了自己的核心竞争力，以此进入职业生涯锁定阶段。一部分工作者开始认定当下所做职业，在该阶段积累了比较丰富的经验，发挥了自己的能力，为提升或晋职打好了基础。还有一部分工作者感到迷茫，主要原因是个人发展目标与组织、上级提供的机会和职业通道不一致。在这个阶段，很多人会选择更换部门，更换领导，或者安于现状，得过且过。

第四阶段是职业生涯的变现期，一般是在35~50岁。工作10~15年后，工作者开始步入职业生涯的变现期，前期积累的技能、经验、人脉等会发挥一定作用，可以通过一些方式开启人生事业的开拓历程，如借调、挂职、平台转移、代领导汇报工作、临时主持会议、牵头项目、工作轮换、兼顾负责同事的工作等都有可能获得更好的职业发展机会。这个阶段需要注意两个问题：一是要尽力避免职业生涯的中期危机或者人的中年危机；二是如果职业发展过慢或原地不动时，需要及时反思自己的工作方式和工作思路。

第五阶段是职业发展的平稳期，一般是在50岁以后。在已经工作了30年左右时，工作者就步入了事业平稳期，或者叫职业生涯的退出期。在这个阶段，如果工作者已经处于高层，并可能有继续向上发展的空间，那就需要审时度势，乘势而为，尽可能让自己的事业在平稳中持续上升。如果到了这个阶段，工作者还处于基层或做普通工作，从职业发展的角度考虑，基本可以考虑进行工作交接，培养接班人，做好理财，安排退休后的家庭生活等细节。

2. 消防救援人员不同时期的生涯规划

根据上述关于职业生涯发展阶段的理论，消防救援人员在不同时期需要有具体的计划和措施。例如，为达成职业目标，在工作方面，计划采取什么措施提高工作效率；在业务素质方面，计划学习哪些知识、掌握哪些技能提高业务能力；在潜能开发方面，计划采取什么措施开发潜能等。

1）年轻期的职业规划

处在年轻期的消防救援人员规划的重点为学习和适应，克服理想和现实的冲突带来的失落感，调整心态，熟悉业务，尽快成为工作骨干。

年轻的消防救援人员常常对职业抱有很多幻想，虽然消防救援职业从总体上看很有挑战性和成就感，但具体到每一项工作依然是避免不了枯燥、琐碎、辛苦。年轻的消防救援人员在工作之初，需要调整心态，尽快熟悉业务，进入工作角色，尽可能缩短从外行到工作骨干的过渡期。

2）中年期的职业规划

根据舒伯的职业生涯阶段理论，在职业建立阶段（30 岁左右）的工作者兼具家长和工作者的角色；在维持阶段（45 岁左右），工作者的角色突然中断，又恢复到学生角色，同时公民与休闲者的角色逐渐增加，这正如一般所说的“中年危机”的出现，这一阶段必须再学习、再调适才有可能处理好职业与家庭生活中所面临的问题。中年时期是消防救援人员的统筹安排时期，这个时期是重负时期，消防救援人员在年龄上步入中年，家庭中父母和孩子都需要自己关心，工作上常常需要独当一面，上下级关系、同事之间的关系、与友邻单位的关系、周围朋友的关系错综复杂，这时需要分清轻重缓急，做总体上的统筹安排。

中年期还有一个重要的问题是能否升职。如果有机会升职，需要应对升职以后的新的要求和挑战，如果没有机会升职，需要应对心理上对不能升职的理解和接受。升职并不表明就是增加人生意义和幸福，不升职也并不表明失去人生意义和幸福，无论是否有机会升职，都需要对自己的中年人生进行理性的设计和规划。

3）衰退期的职业规划

处在衰退期的消防救援人员要做好各方面的适应，因为劳动强度、烈度等方面因素的影响，消防救援从业时间期限跨度比较短，中年后期就要从一线退到二线，所以自认为精力充沛、身强力壮的消防救援人员面对即将退居二线或退休的现实，需要提前做好心理准备。这一阶段，消防救援人员可以同时寻找新的契合点、总结工作经验、选择更容易发挥特长的工作、培养新的兴趣爱好，也可以逐步规划退休以后的活动内容，如未成年人的帮扶工作、力所能及的其他志愿者工作。

（三）职业生涯规划中的重要因素

在制定个人的职业生涯规划时，要分析环境条件的特点、环境的发展变化情况、自己与环境的关系、自己在这个环境中的地位、环境对自己提出的要求以及环境对自己的有利条件和不利条件等。只有对这些环境因素充分了解，才能做到在复杂环境中趋利避害，使职业生涯规划具有实际意义。

1. 职业外部环境因素分析

随着时代的变迁，科技的飞速发展，社会环境变化的速度越来越快，消防救援人员应及时了解社会环境（又称外部环境），准确掌握与职业相关的社会发展与背景信息。社会环境对职业发展规划极为重要。人们通常把社会环境分为四大类，即经济环境、政治环境、文化环境和科技环境。与职业相关的外部因素及其影响见表 6-1。

表 6-1　与职业相关的外部因素及其影响

外部因素	与职业相关的影响
经济环境	经济发展水平；人才供求状况
政治环境	政治体制；经济管理体制；人才流动的政策等
文化环境	价值观念；生活模式（契约制、终生雇佣制）
科技环境	自动化（新机器采用）；产业调整（计算机网络大量运用）

2. 其他因素分析

尽管“三百六十行，行行出状元”，但是选择适合自己的职业，对个人的影响很大。有的人被动地选择了职业方向，一直应付工作，无法激发出自身对工作的热情，导致职业与人生的灰暗。职业方向一定是在自我评估和职业评估的基础上，考虑了职业方向与个人性格、兴趣、特长、外部职业机会的匹配而选择的。职业生涯规划是一个寻找内在与外在的协调过程。一般而言，当个体内在的职业特点与职业特性相一致，职业成功的可能性就越大。与职业相关的其他因素及其影响见表 6-2。

表 6-2　与职业相关的其他因素及其影响

其他因素	与职业相关的影响
身心健康	对自己性别的看法； 个人所确定的职业前景与自己所认同的职业角色是否相符
教育背景	这些教育背景能否实现个人职业目标； 个人所具有的教育背景对自身的职业有哪些帮助； 个人还需要加强哪些方面的学历教育或其他培训

表6-2（续）

其他因素	与职业相关的影响
与职业相关的经历	想想小时候的梦想，父母、亲戚对职业的看法； 填报志愿的想法； 在队伍生活中与职业相关的体验和实践，其中印象最深、最成功、最值得骄傲或对个人最有意义的是什么
地理位置	个人的家庭所在地有哪些职业发展的优势和劣势； 未来工作地有哪些与职业发展相关的优势和劣势； 未来理想工作地有哪些吸引自身的特色，这些特色能否促进个人的职业发展
社会阶层	家庭、家族背景能为个人的职业带来哪些帮助
环境层级	个人所处的环境处于哪个层级； 有哪些可以利用的资源能帮助个人的职业发展
专业情况	有哪些可以用来促进个人专业发展的资源

3. 职业发展的核心要素

职业发展的核心要素包括四个方面，即专业能力、管理能力、资源整合能力、人品和口碑，见表6-3。这四个要素的难度呈递增趋势，对职业生涯的发展影响亦然。

表6-3 职业发展的核心要素

影响因素	核心	适合岗位
专业能力	安身立命的根本；核心竞争力	基层管理岗位
管理能力	知人善任；团队建设、激励、利益均衡能力	中层管理岗位
资源整合能力	资源互补、利益共享； 给本单位带来外部资源，给本部门下属带来资源	高层管理岗位
人品和口碑	贯穿职业发展各阶段；最难提升的因素； 塑造良好的职业素养、道德品行	各岗位都需要

4. 职业生涯成功的评价标准

职业生涯成功的评价标准是多元的，大致可以分为自我价值上的成功、人格价值上的成功、社会价值上的成功等三个维度，见表6-4。

表6-4 职业生涯成功的评价标准

自我价值成功	追求成长与发展；发挥自身潜能；实现理想的需要
人格价值成功	追求人格的高尚、纯粹、受人尊重； 思想境界和人格情操上的成功
社会价值成功	权力、社会财富的积累；社会荣誉等方面的成功

虽然社会的主流追逐的是社会价值方面的成功，但我们每个人的追求和价值都存在差

异。自我价值的成功、人格价值的成功也是职业生涯是否成功的重要维度和指标。

消防救援职业本身是一种政治性很强的职业，个人相应的政治远见与洞察力，对个人职业生涯规划有关键性的作用。消防救援职业还需要消防救援人员具有高度的工作责任感和事业心，具有社会服务精神和无私奉献精神，抱持一个长远发展的人生目标，并为之努力奋斗，缺乏这些因素就很难取得职业生涯的顺利发展。

第二节　消防救援人员的职业倦怠及应对

一、概述

（一）职业倦怠的概念

职业倦怠是指个体在工作重压下产生的身心疲劳与耗竭的状态。最早由美国临床心理学家弗罗伊登伯格于 1974 年提出，他认为职业倦怠是一种最容易在助人行业中出现的情绪性耗竭的症状。随后美国心理学家马斯拉奇等人把对工作上长期的情绪及人际应激源做出反应而产生的心理综合症，称为职业倦怠。一般认为，职业倦怠是个体不能顺利应对工作压力时的一种极端反应，个体伴随由于长时期压力体验下而产生的情感、态度和行为的衰竭状态。

（二）职业倦怠的表现

马斯拉奇等人提出的职业倦怠主要表现在以下三个方面。

1. 情感耗竭

情感耗竭是倦怠的个体压力维度，表现为个体情绪和情感处于极度疲劳状态，情感资源干涸，工作热情完全丧失，情绪烦躁、易怒，对前途感到无望。

2. 去人性化

去人性化是倦怠的人际关系维度，表现为个体以一种消极的、否定的、恶劣的态度和情感去对待自己身边的人，对接触的对象不耐心、不柔和，再无同情心可言，严重时甚至把他人当作一件无生命的物体看待。

3. 个人成就感降低

个人成就感降低是倦怠的自我评价维度，表现为个体对自己工作的意义和价值的评价下降，自我效能感丧失，时常感觉到无法胜任，从而在工作中体会不到成就感，不再付出努力。马斯拉奇认为工作倦怠是人们在追求美好生活道路上的一大严重障碍。大量的研究结果表明，工作倦怠对个人、家庭、组织和社会都有很大的负面影响。

资源缺乏、时间压力和工作量的增加都会导致职业倦怠。在倦怠状态下工作者的离职意向增强，不时地请病假，却仍然处于焦虑和抑郁中。最近的研究发现，职业倦怠甚至与Ⅱ型糖尿病有联系。当处在持续的压力和不健康的状态之下时，个体身体内的胰岛素也会不正常。具有倦怠现象的人还会表现出一种慢性衰竭，包括深度疲劳、失眠、头昏眼花、恶心、过敏、呼吸困难、肌肉疼痛和僵直、月经不调、腺体肿胀、咽喉痛、反复得流感、传染病、感冒、头痛、消化不良和后背痛。其中，呼吸系统传染病和头痛会持续很长时间，有些人还会出现更为严重的肠胃问题、溃疡和高血压。除了身体上的症状之外，还会出现睡眠紊乱的状况。有些人失眠，他们感到紧张、亢奋，不能放松下来，头脑中总是出现那些令他们忧虑的事情；有些人嗜睡，几乎所有的业余时间都用来睡觉。

二、职业倦怠的起因

马斯拉奇等人通过研究，于 1997 年提出了职业倦怠的工作匹配理论。他们认为，工作者与工作在以下六个方面越不匹配，就越容易出现职业倦怠。

（1）工作负荷。工作过量易导致职业倦怠。

（2）控制。控制中的不匹配与职业倦怠中的无力感有关，通常表明个体对工作中所需的资源没有足够的控制，或者个体对使用他们认为最有效的工作方式上没有足够的权威时，促使职业倦怠产生。

（3）报酬。报酬可以指经济报酬，更多的指生活报酬。报酬不符合个人预期时，个体会产生职业倦怠。

（4）社交。工作者和周围的同事未进行积极的联系时易产生倦怠，尤其是当工作将个体与他人隔离开来或者是个体缺乏社会联系，同时工作中个体与他人的冲突严重时，倦怠更易产生。

（5）公平。由工作量或报酬的不公平所引起，评价和晋升的不公平则容易带来情感衰竭。

（6）价值观冲突。工作者和周围的同事或上级的价值观不一致时导致职业倦怠产生。

三、消防救援人员职业倦怠现状

学者发现消防救援人员的职业倦怠主要表现在成就感降低方面，轻度倦怠人数较多。年龄小、收入低、衔级低、队龄短以及工作任务为灭火的消防救援人员的工作倦怠情况较为严重。另外，工作要求、工作资源、个体资源和社会资源等因素也与职业倦怠高度相关。

（一）年龄

工作倦怠易发生在年轻人身上，他们更容易采取负面、冷漠的工作态度，对工作要求也有过高期望。根据目前我国消防救援人员年龄分析，小于 26 岁的消防救援人员刚刚开启职业生涯，心理变化快速，情绪稳定性差，生活环境突然改变，个别消防救援人员进入角色较慢，处于这一时期的消防救援人员工作倦怠情况较为严重。随着年龄的增长，经过几年的消防救援工作之后，他们开始适应生活，处理工作也相对得心应手，职业倦怠降低。

（二）经济收入

随着我国市场经济的发展，物价的不断增高，收入上的差距亦使消防救援人员的工作倦怠程度各有不同。收入高的消防救援人员在面对物价增长、高房价等问题的应对上会优于低收入的消防救援人员，他们不必为生计和家庭发愁，工作更能积极、投入，也容易获得满足感。收入低的消防救援人员在面临高消费、高物价等问题上心理压力较大。

（三）衔级

衔级与消防救援人员进入消防救援队伍的时间及其所受教育程度有关，衔级越高代表进入消防救援队伍时间越长，或者受教育程度越高。进入消防救援队伍的时间越长、所受教育程度越高的消防救援人员，越能适应消防救援工作的复杂性，倦怠程度越低。新入职的消防救援人员在工作上要花更多精力，适应工作的能力和接受工作的强度都低于其他人员，情感耗竭和成就感降低的程度也相应高一些。衔级越高的人员越能从容应对工作，面对工作更多的是积极向上的态度。

（四）工龄

工龄短的消防救援人员进入消防救援队伍不久，在思想和认识上刚刚成熟，需要适应严格的管理，对工作期待较高，对自身要求也高，还不能很好地处理问题，感到对工作投入多、回报少，会出现负面情绪，心理压力较大，职业倦怠情况严重。随着思想和认识的成熟，在逐渐适应特殊的工作环境之后，他们能够从容地面对工作，职业倦怠情况开始好转。

（五）工作属性

一线消防救援人员除了日常训练、执勤、接收119火警后立即出动外，还要承担涉及人民群众学习、生活和工作息息相关的各个方面的消防救援活动，工作强度大、机动性强、工作范围广，且工作危险性高，每天处于高度情绪紧张状态，随时会有新的、不可预知的危险任务完成，情感耗竭严重，容易产生职业倦怠。

（六）个体素质

个体因素包括情绪智力、乐观主义与自尊。情绪智力、乐观主义及自尊程度越高，职业倦怠情况越轻，越容易全身心投入到工作当中，工作的活力、奉献、专注程度也会越高。

（七）家庭因素

家庭是每个人生活的根本，家庭和工作息息相关。当工作要求与家庭要求出现矛盾时，职业倦怠情况较为严重，工作、家庭关系和谐时，职业倦怠得到缓解。不管是工作要求冲突到家庭，还是家庭需要影响到工作，都会对工作态度、工作效率有影响，导致负面工作情绪。家庭和工作都能处理好，两种角色都能很好地胜任，有利于提高工作效率，提高生命质量。

四、消防救援职业倦怠的干预措施

职业倦怠因工作而起，直接影响到消防救援人员的工作准备状态，然后又反作用于工作，导致工作状态恶化，职业倦怠进一步加深。这是一种恶性循环的、对工作具有极强破坏力的因素。因此，如何有效地消除职业倦怠，对于稳定队伍、提高工作绩效有着重要的意义。

职业倦怠的干预策略可以分为积极预防和有效应对两种。无论采取哪种策略，都需要在提升消防救援人员应对能力的同时兼顾个体和环境因素。消防救援人员不断深化对自我价值的认识，掌握自身的优势与不足，预测自身倦怠的征兆，了解自我主观情绪对自身生理和心理的影响，评估有无做好应对倦怠的积极准备。同时，正视应激情境的客观存在，勇于面对各种现象，正确地对待周围环境中的一切人和事，有针对性地对自己进行心理调控并尽量与周围环境保持积极的平衡，成为自身行动的主人，积极、愉快、主动地迎接生活的挑战，走出倦怠。

（一）个人层面

1. 提高业务水平，成为消防救援能手

这是防止职业倦怠产生的根本。职业倦怠是由持续的工作应激引起的，而产生应激的实质是消防救援人员无法应对高强度抢险救援的需求。消防救援人员通过不断地训练来提高自己，将平日的训练成果应用到实际救援中，提高自身救援经验和险情应对能力。

2. 调整自我认知，成为工作的真正主人

尽量摒弃不切实际的想法，把重心放到工作积极性上来，不要沉浸在工作压力中无法自拔，应在充分认识自己的基础上，形成对抗职业倦怠的技巧。首先是改变自己的惯常想法和行为；其次是接受“有所为有所不为”的思想，不做完美型的人，接受不完美的事实；再次是放弃，对一些想法、观念和行为要学会放手；最后是倾诉，学会适当地调适自己的心理环境，定期释放心理垃圾，有意识地聚集内心能量，使自己能以更好的心态面对未来。提高自我对心理健康的认识能力和运用心理策略的最基本的能力，而不仅仅是寄希望于应激源的改变，这是有效告别职业倦怠的根本。

3. 保持愉快情绪，掌握有效的放松技巧

注意在繁重紧张的执勤、训练之余给自己留点空间，通过变换生活环境、表情训练、放松训练、合理情绪疗法、积极的自我暗示、转移注意力、适度宣泄、自我安慰、交往调节等方法来调节自己的情绪状态，使自己时刻保持乐观的心态，积极地面对消防救援工作、生活中所遇到的各种压力。必要时，可以寻求专家的帮助或临床咨询，包括接受心理咨询、职业咨询、家庭咨询、工作压力咨询甚至生理治疗和药物治疗等。

（二）组织、制度层面

1. 增强软环境建设

领导者的工作风格与组织文化与消防救援人员的职业倦怠密切相关。高领导、低关怀的领导风格虽然会提高消防救援人员的工作效率，但离职率和抱怨率却很高。高关怀、高领导的风格，则是一种具有双重激励作用的机制，它建构的是激励与关怀相结合的组织文化。这就要求领导者在对下属的管理过程中充分调动其积极性，给予下属参与管理和建设的机会，关注人员工作生活的方方面面，形成管理者、被管理者间的良性互动。大力增强队伍软环境的建设，协调内部人际关系，加强下属与亲属的联系，为消防救援人员提供良好的社会支持。

2. 完善健康制度保障

通过心理工作机制来保障消防救援人员的心理健康。通过组织心理知识培训、开展心理健康教育活动、进行心理压力的疏导等方式提高消防救援人员的心理素质，提高工作积极性来对抗职业倦怠。完善消防救援人员职业后续保障，保持消防救援人员抢险救援的效能感。基层救援效能的提高不能以牺牲消防救援人员的健康为代价，健康有活力的消防救援队伍才是保持救援效能的保证。

3. 增加学习、晋升机会

职业倦怠很多情况下是一种“能力恐慌”，现代中国无论是人民生活水平还是国家的综合国力都发生了翻天覆地的变化，消防救援任务也相应进入到“全灾种、大应急”的复杂状态，消防救援人员需要不断更新知识，提高创新能力，才能适应纷繁复杂的救援工作。消防救援队伍可以考虑为消防救援人员提供多样化的培训，还可以提供更多的晋升机会，使品行优秀的能者尽快晋升到高一级的职级岗位，提高他们的自我价值感和荣誉感，激活消防救援人员的成就动机，使其保持充足的工作干劲。

职业的特殊性决定了消防救援人员将遇到很多可能产生职业倦怠的因素，我们应从“防”和“治”两方面同时入手，各级主管部门充分重视，齐抓共管，将职业倦怠可能带来的危害减少到最低程度，促进我国消防救援事业持续而健康的发展。

【小阅读】

快乐工作的六法全书

A（Action）计划——采取行动

当在原来组织发生问题时，问自己可以做些什么、自己有什么选择，可以主动和上级沟通发生了什么问题，应该如何解决等。A 计划永远是优先的策略，也是改变问题的治本方法，其他都是辅助型的做法。

B（Belief）计划——调整观念

如果 A 计划无法解决，应该考虑调整自己的主观思想。有几个策略，例如比下有余的策略，还有乐观到底的策略。

C（Catharsis）计划——抒发情绪

可以找朋友把情绪抒发出来，情绪管理最好能够进行疏导。

D（Distraction）计划——散心调剂

如果生活上有一些兴趣、嗜好，能够让你暂时转移注意力，这是释放压力很好的辅助策略。

E（Existentialism）计划——发现意义

很多人产生职业倦怠是因为工作失去了意义。“Existentialism”是存在主义的意思，就是你做这个工作的意义是什么。必须好好地问自己，到底自己想要追求的是什么？这个工作对你还有没有意义？如果你连一点意义都找不到，也许就真的该考虑换工作了。

F（Fitness）计划——增强体能

通过饮食、营养、运动以及适当的医药，保持健康的身体。心理健康其实是要以身体健康为基础，一个人假如能够生活作息正常、适当运动，活力充沛，就会跟倦怠时的状态有很大不同。

习题

1. 从你个人而言，以往对消防救援职业生涯规划存在哪些误区？
2. 如何规划自己的消防救援职业生涯？
3. 你是否存在职业倦怠？职业倦怠是如何表现的？受哪些因素的影响？
4. 怎样减轻职业倦怠？

第七章　消防救援人员的心理健康

消防救援人员健康的心理是救援效能的重要组成部分，因此，掌握心理卫生知识，及时调适人员不健康的心理，提高消防救援人员的心理健康水平，已经成为新时期消防救援队伍建设的一项重要的任务。

第一节　概　　述

一、心理健康的概念和意义

1946 年，第三届国际心理卫生大会给心理健康做了这样一个定义：“心理健康是指在身体、智能以及情感上能保持同他人的心理不相矛盾，并将个人心境发展成为最佳状态。”心理健康是指生活在一定社会环境中的个体，在高级神经功能和智力正常的情况下，情绪稳定、行为适度、具有协调关系和适应环境的能力以及在本身和环境条件许可的范围内所能达到的心理最佳功能状态。

心理健康按其健康程度可分为三种状态。一是正常状态，指个体在没有较大困扰的情况下，心理处在正常状态之中，这种状态一般称为心理健康。二是不平衡状态，是指个体心理处于焦虑、恐惧、压抑、担忧、矛盾、应激等状态，这种状态一般称为心理问题。三是不健康状态，它包括神经症、人格障碍、性变态、精神病等，这种状态一般称为心理疾病。

广大消防救援人员保持健康的心理状态对于消防救援队伍现代化建设有着重要的意义。

（一）心理健康对于消防救援队伍的行动有着重要意义

在平时，心理健康水平影响着广大消防救援人员的学习训练成绩和生活质量。在执行救援任务时，心理健康水平直接影响着消防救援队伍的救援效能。首先，一些人为灾难和自然灾害，可能大面积摧毁各种建筑设施，造成大批人员伤亡，如火灾、洪灾、地震等，对人民的生命和财产构成最直接和最严重的威胁，使消防救援人员产生强烈的恐惧情绪。其次，灭火救援过程中有各种不确定的因素，火势的突发性和现场情况的瞬息万变，常使消防救援人员处于强烈和持久的紧张状态，导致消防救援人员出现各种心理反应。最后，有些灭火救援行动跨地域、全天候连续作战，使消防救援人员承受高强度的心理负荷。因此，消防救援人员的心理素质和心理健康水平就显得尤为重要。广大消防救援人员的心理健康在任务中有着越来越重要的地位，平时培养消防救援人员健康的心理，是圆满完成各项任务的需要。

（二）心理健康对于预防消防救援人员精神疾病、心身疾病和恶性事件的发生有重要的意义

由于社会生活的纷繁复杂以及职业的特殊压力，广大消防救援人员随时都面临着来自各个方面的心理应激，重视心理健康问题可以使救援人员很好地处理各种矛盾，提高心理承受水平，在挫折面前有足够的心理准备，采取有效的措施，抵御各种不良诱因的作用，矫正不良的心理反应，有效地预防精神疾病、心身疾病和恶性事件的发生。

（三）心理健康对于广大消防救援人员成才有着重要的意义

健康的心理是广大消防救援人员接受思想政治教育以及学习科学文化知识的前提，是消防救援人员正常学习、交往、生活、发展的基本保证。如果一个人经常地、过度地处于焦虑、郁闷、孤僻、自卑、犹豫、暴躁、怨恨、猜忌等不良心理状态，是不可能在学习、工作和生活中充分发挥个人潜能，取得成就，得到发展的。一个人在心理健康上多一分弱点，他的成长和发展就多一分限制和损失，他的生活和事业就少一分成就和贡献。广大消防救援人员的心理健康对他们的道德素养、思想品质、智能水平乃至身体素质的发展都有很大的影响。

二、心理健康的标准

人的生理健康是有标准的，同样，一个人的心理健康也是有标准的。但人的心理健康的标准不像生理健康的标准那样具体和客观。

国外学者对心理健康的标准做了一些表述。有的人认为："心理健康是指一种持续的心理情况，当事者在那种情况下能有良好适应，并具有生命的活力，而且能充分发展其身心的潜能"，还有人认为："心理健康的人应能保持平静的情绪，敏锐的智能，适于社会环境的行为和愉快的气氛。"

实际上，由于不同心理学家所站的角度各有不同，他们对心理健康的理解产生了一定差异，提出了各自不同的观点。

马斯洛认为健康的人应该具备以下心理品质：对现实具有有效率的知觉；具有自发而不流俗的思想；既能悦纳本身，也能悦纳他人；在环境中能保持独立，欣赏宁静；注意体会哲学与道德的理论；对于平常事物，甚至每天的例行工作，能经常保持兴趣；能与少数人建立深厚的感情，具有助人为乐的精神；具有民主态度，创造性的观念和幽默感；能经受欢乐与受伤的体验。

美国学者坎布斯认为，心理健康、人格健全的人应有积极的自我观念；恰当地认同他人；面对和接受现实；主观经验丰富，可供提取这四种特质。

世界心理卫生联合会曾提出了心理健康的具体标准，即身体、智力、情绪十分协调；适应环境，人际关系中彼此能谦让；有幸福感；在工作和职业中，能充分发挥自己的能力，过着有效的生活。

根据各方面的研究结果，结合我国的具体情况，我国的心理学工作者提出以下七点心理健康的标准。

（一）心理行为符合年龄特征

在人的生命发展的不同年龄阶段，都有相对应的心理行为表现，从而形成不同年龄阶段独特的心理行为模式，心理健康的人应具有与同年龄多数人相符合的心理行为特征。青年应是精力充沛、反应敏捷、行为果断的，过于老成、过于幼稚、过于依赖都是心理不健康的表现。

（二）人际关系和谐

心理健康的人乐于与人交往，能够接受他人，悦纳他人，能认可别人存在的重要性和作用，在与他人交往中，能以尊重、信任、友爱、宽容、理解的态度与人相处，能分享、接受、给予爱和友谊，与集体保持协调的关系，能与他人同心协力，合作共事，乐于助人。一个心理不健康的人，总是与集体和周围的人格格不入。

（三）情绪积极稳定

在生活中，愉快、乐观、开朗、满意等积极情绪状态总是占优势的，虽然心理健康的人也会有悲、忧、愁、怒等消极情绪体验，但一般不会长久，并能进行自我调节，迅速恢复到轻松愉快的情绪状态。他们有适度表达和控制情绪的能力。

（四）意志品质健全

健全的意志品质表现为意志的目的性、果断性、坚韧性、自制性。在学习、训练、出警、战备等任务中不畏困难和挫折，知难而上，持之以恒；在需要做出决定时，能毫不犹豫、当机立断；还能够为了达到目的而控制一时的感情冲动，约束自己的言行。

（五）自我意识正确

心理健康的人能体验到自己存在的价值，既能了解自己，又能接受自己，有自知之明，对自己的能力、性格和优缺点都能做出恰当的、客观的评价；对自己不会提出苛刻的、非分的期望与要求；对自己的生活目标和理想也能制定得切合实际，因而对自己总是满意的，即使对自己无法补救的缺陷，也能安然处之。

（六）个性结构完整

心理健康的人的个性特征是有机统一的、稳定的。如果知道一个人具有某些个性特征，一般就可以预见他在某种情况下，将会怎样行动。如果一个人的行为表现不是一贯的、统一的，则说明他可能存在心理健康问题。

（七）环境适应良好

对环境的适应能力是人赖以生存的最基本条件，“适者生存”是生物进化的普遍规律。在人的一生中，内外环境是不断变化的，有的变化还很大，因此要求人们对各种变化做出相应的适应性反应。对变动着的环境能否适应，是心理健康的重要标志。有的人适应能力较差，环境一改变，就紧张、焦虑、失眠，有的人则适应能力良好，很快就能随遇而安。

消防救援人员的心理健康标准是一个必须慎重对待的问题，只有从以下三个方面进行全面、准确的理解，才能正确地把握这一标准。首先，心理不健康与有不健康的心理和行为表现不能等同。心理不健康是指一种持续的不良状态。偶尔出现一些不健康的心理和行为并不等于心理不健康，更不等于已患心理疾病。因此，不能仅从一时一事就简单地给自己或他人做出心理不健康的结论。其次，心理健康与不健康不是泾渭分明的对立面，而是一种连续状态。从良好的心理健康状态到严重的心理疾病之间有一个广阔的过渡带，在许多情况下，异常心理与正常心理，变态心理与常态心理之间没有绝对的界限，只是程度的差异。再者，心理健康的状态不是固定不变的，而是动态变化的过程。消防救援人员随着年龄的增长，经验的积累，环境的改变，心理健康状况也会有所改变。

三、心理健康的评估

心理健康状况和心理障碍的评估和诊断，必须以严谨的态度和科学的方法进行。需要依据消防救援人员的心理健康标准，综合运用会谈法、观察法、心理测验法、医学检查法进行。

（一）会谈法

会谈法是指咨询师通过与来访者的谈话来了解其心理健康状况，达到评估其心理健康状况之目的的一种方法。因此，这种会谈也叫作诊断性会谈。众所周知，心理障碍的许多症状是以来访者的主观体验为主要表现的，如来访者的感知觉、思想活动、情感体验及其对疾病的认识等，只有通过谈话才能觉察到它的存在并了解其内容，因此，会谈法是评估和诊断心理健康状况的一种重要方法。

（二）观察法

很多心理障碍有其外部表现的特征，如焦虑症患者坐立不安和愁眉不展；精神分裂症患者常有多种怪异行为、情感淡漠和行为与外界环境不协调等。观察法就是通过有目的、有计划地观察来访者的外部表现，如动作、姿态、表情、言语、态度和睡眠等来评估和判断其心理健康状况。

（三）心理测验法

心理测验是指用一些经过选择加以组织的可以反映出人们一定心理活动特点的刺激（如一些日常生活中的事件），让受试者对此做出反应（如回答问题），并将这些反应情况数量化以确定受试者心理活动状况的心理学技术。这些刺激叫作测验材料，使受试者做出反应的过程便是进行测验，测验所采用的比较标准叫常模。常模是经过在广泛有代表性的人群中大量取样后提炼获得的，这一过程也叫作测验的标准化。心理测验的种类繁多，数以千计，比较常用的也有300多种，我国目前较为常用的量表，大多是根据国外量表修订而成的。

心理测验按测验的目的可分为智力测验、人格测验、能力倾向测验、神经心理测验等；按测验材料的性质可分为文字测验和非文字测验；按测验的方式可分为个体测验和团体测验；按测验材料的意义肯定与否和回答有无意义限制可分为投射测验和非投射测验。

在心理健康状态评估过程中，常需对个体或群体的心理现象进行观察，并对观察结果用数量化方式进行评估和解释，这一过程称为评定，评定要按照标准化程序来进行，这样的程序便是量表测量法。量表测量法可视为心理测验的一种特殊形式，它是心理健康评估的最常用方法。

（四）医学检查法

人的身心是相互作用的，有些心理障碍是大脑器质性改变和躯体障碍的结果，医学检查可以发现有相应的异常变化，根据临床症状、体征和辅助检查结果（脑电图、脑血流图、头部 X 线、CT 检查等）可判断其心理障碍的原因。常见引起精神症状的躯体疾病有颅内感染、癫痫、脑血管病、阿尔采莫氏病、颅脑损伤、颅脑肿瘤。

第二节 消防救援人员常见心理问题及成因

常见心理问题是指广大消防救援人员在日常学习、训练、生活中经常遇到的，导致心理适应不良的问题。它是暂时的心理失调，而非心理疾病；它与思想问题有联系，但不宜笼统地归于思想问题。了解消防救援人员常见心理问题的一般表现、类型、成因和调适方法，对于维护消防救援人员的心理健康是十分重要的。

一、消防救援人员常见心理问题

（一）适应问题

从老百姓到消防员，从消防员到班长、消防指挥员，消防救援人员经常要面对新的情况，扮演新的角色，执行新的任务，适应新的环境。适应新的角色、任务和环境的过程，会带来许多心理问题。包括新消防员入队后的心理适应、职业角色变化的心理适应、日常行为习惯的心理适应、任务转化中的心理适应、退出队伍时的心理适应等问题。其中以入队后一周至两个月之间，心理的不适应表现得最为集中、最为明显。

（二）自我意识问题

在青年消防救援人员的自我发展中，既存在着自我认识、评价与实际情况之间的差距，又存在着理想自我与现实自我的差距。这不仅反映了青年消防救援人员对理想自我的追求和对自尊、自强的渴望，同时也预示了他们将经历很多的困难和挫折。心理学研究结果表明，理想自我与现实自我之间的过分失调往往是产生青年心理问题的重要原因。如何协调理想自我与现实自我的差距以及如何正确看待自己，将是青年消防救援人员面临的一个非常重要的课题。广大消防救援人员自我意识问题主要表现为以下相互矛盾的倾向：过度的自我接受与过度的自我拒绝；过强的自尊心与过度的自卑感；自我中心与从众心理；过分的独立意识与过分的逆反心理。

（三）人际关系问题

人际交往以及交往基础上建立起来的人际关系不仅直接影响着青年消防救援人员的学习、训练和生活，而且直接影响了他们的心理健康。因为人类的适应，最主要的是人际关系的适应，人类的心理障碍主要是由人际关系失调而引发的。良好的人际关系使人获得安全感和归属感，得到支持与理解，给人精神上的愉悦和满足，促进心理健康；不良的人际关系使人感到压抑和紧张，承受孤独与寂寞，身心健康就会受到损害。青年消防救援人员人际交往问题主要表现为：缺少知心朋友；与个别人难以交往；与他人交往平淡；感到与人交往有困难；社交恐惧；不想交往等。其中孤独和猜疑是影响人际关系的重要因素。

（四）性问题

常见的性意识困扰有被异性吸引、常想到性问题、性幻想及性梦等表现。其中，“常想到性问题”是指在遇到有吸引力的异性时想到与对方有关的性意念、裸体表象、性感部位及体验到自身性冲动等，或是在阅读与性有关的书刊时，产生对性的臆想等。“性幻想”通常表现为在某种特定因素诱导下，“自编”“自导”“自演”与异性交往内容有关的联想。性幻想可导致生理上的性兴奋、性器官充血，也可偶尔出现性高潮。“性梦”，是进入青春期以后的梦中出现与性内容有关的梦境，一般认为与性激素达到一定水平和睡眠中性器官受内外刺激及潜意识的性本能活动有关。性梦中可以伴有男性遗精、女性性兴奋等。以上三种情况是性冲动的间接发泄形式，属于正常的心理、生理现象。但由于认识的偏差，常常造成青年消防救援人员的性意识困扰，出现不同程度的心理冲突，表现有焦虑、厌恶及内心不安、恐惧、自责等。

性行为心理困扰。从性生理发育的角度讲，随着性生理成熟，在性本能的驱动下，青少年会发生某种性行为。然而由于种种原因，这些性行为活动在事发当时或事隔多年之后，会对一部分个体构成了心理困扰，并给其带来了不良的影响。手淫，是构成青年消防救援人员心理困扰的重要方面之一，其中，对手淫行为的生理和道德评价的误区是其主要原因。

二、消防救援人员一般心理问题的成因

（一）早期经验与家庭环境

广大消防救援人员的心理健康水平与个体的家庭环境和早期经验有十分密切的联系。研究表明，那些在单调、贫乏环境中成长的婴儿，其心理发展会受到阻碍，并且这样的环境抑制了他们潜能的发展。相反，那些接受丰富的刺激、受到良好照顾的婴儿在许许多多的心理测验中将渐渐成为佼佼者。另外，儿童早期与父母的关系以及父母对儿童的态度也是影响个体心理健康的重要因素。国内外很多学者对恐惧症、强迫症、焦虑症和抑郁症这四种神经症个体早期家庭关系的调查研究表明，这四种症状者的父母与正常个体的父母相比，表现出较少的情感温暖，较多的拒绝态度，或者较多的过度保护或过度惩罚。

（二）生活事件

生活事件指的是人们在日常生活中遇到的各种各样的社会生活的变动，如结婚、升学、亲人亡故等，生活事件不仅是测量应激的一种方法，也是预测心理健康的重要指标。大量的研究结果表明，即使是中等水平的应激事件，如果连续发生，应激事件对个体抵抗力的影响就可以累加，最终导致心理障碍。在对生活事件与心理健康之间的关系进行解释时，一般都认为由于生活事件的产生增加了个体适应环境的压力。换言之，个体每经历一次生活事件，他都要付出精力去调整由于这一事件的发生所带来的生活变化。当个体在某段时间内遭遇很多生活事件时，生活事件对个体的作用就会累加，心理应激就会增加，从而影响个体的心理健康。有学者曾对 1036 名大学生进行调查，得到心理问题与生活事件的复相关系数为 0.39 左右，多元回归的决定系数为 0.15，这表明心理障碍或精神病理变异可用生活事件解释的部分占 15%。

（三）特殊的人格特征

人格特征对人的心理健康有非常明显的影响。由于人们总是依其人格特征来体验各种应激因素，并建立对紧张性刺激的反应方式。因此，特殊的人格特征往往成为导致某种心理问题或心理障碍的内在因素之一。例如，强迫症相应的特殊人格称为强迫性人格，其具体表现是谨小慎微，求全求美，自我克制，优柔寡断，墨守成规，拘谨呆板，敏感多疑，心胸狭窄，事后容易后悔，责任心过重和苛求自己等。这就是为什么同样的致病因素作用于不同人格特征的人，可以出现非常不同的结果，而同样的疾病发生在具有不同人格特征的人身上，其病情表现、病程长短和转归结果又都可以非常不同。培养健全的人格是实施心理卫生，预防心理障碍或精神病症的一项重要任务。

（四）应对方式

当我们面对生活事件的压力时，我们自然会采用一定的方法来应付、对待环境压力。我们采取的方式、方法可以称为事件的应对方式，人们在处理压力性事件时采用的应对方式是不同的，同一个人在不同情况下所用的方法也会有差异。一般来讲，随着心理的成长，人们会逐步形成固定化的应对事件的方式，有时也会多种方式同时应用。应对方式可以分为以下四种。一是策略控制型，即个体通过发挥自己的主观能力，有计划、有策略地控制、处理事件，消除环境压力；二是随机处理型，即没有准备地，随着压力的出现而纯粹应付性地处理遇到的事件；三是回避型，即对压力事件总是采取逃避、回避的方式来对待；四是依赖寻求型，即在遇到压力性事件时，依靠家人、朋友来处理应付。一般来讲，策略、随机地应付事件的方式是对事件一种积极的认知和行为反应，是心理成熟的标志；而回避、依赖型的处理方式是对事件一种消极的认知和行为反应，是心理不成熟的标志。

（五）职业活动特点的影响

消防救援人员的心理问题除受上述因素影响外，它的职业活动特点对于人员的心理健康也会产生一定的影响，主要表现为以下五个方面。一是危险性大。消防救援人员经常需要冒着生命危险参与救援，危险因素的存在使消防救援人员产生不同程度的心理紧张，面临威胁生命的危险情境，广大消防救援人员也会产生应激反应，甚至出现心理异常。二是时间紧迫。在抢险救灾中，需要消防救援人员具有快速反应能力，这使得消防救援人员产生强烈的时间紧迫感，从而导致心理紧张。三是负荷过度。中高强度的训练，连续作业，跋山涉水，身负重物，睡眠不足等，不仅使消防救援人员的体力负荷过重，而且他们的心理负荷也远远超出普通人的水平。由于心理能力的差异，有的消防救援人员就会出现异常表现。四是情况不明。在灭火救援时，由于情况不明，消防救援人员心理就会缺乏安全感，产生紧张、焦虑、不安的感受。五是活动受挫。由于训练、任务等对消防救援人员的能力、体力均有相当高的要求，而限于消防救援人员本身素质的差异，因而总有一些消防救援人员在行动中遇到挫折，个别人还会发生伤亡事故，这都会使消防救援人员产生挫折感，导致其产生痛苦、自责、丧失信心等不良心理状态。

第三节　消防救援人员的心理调适

一、活动调适法

活动调适法是指通过从事有趣的活动，以调节情绪，促进身心健康的一类方法。它包括读书、写作、绘画、雕塑、体育运动、听音乐、歌唱、舞蹈、劳动等多种活动方式。活动调适法尤其适用于消防救援队伍，它寓心理调节于娱乐之中，不仅易为人接受，而且易于操作，可广泛运用于一般性的心理不平衡和轻微的心理障碍。

活动调适法的实质在于用活动的过程来充实空虚的生活，用活动中获得的愉悦来驱散不良的负性情绪，用活动的内容来促进对问题的领悟和认知的提高，因此，活动调适法绝不只是形式上的“玩”而已，而应随时把握利用活动中所提供的有利机遇、信息去发现问题，改变错误的认知，调适不良的情绪，纠正不适应的行为，提高自信心。

活动的种类要根据自身的文化程度、原先的个人爱好、兴趣和实际条件来选择。一般来说，对于活动的兴趣和投入程度之大小与其效果呈正相关。

利用绘画、雕塑、摄影、音乐、舞蹈、戏剧等艺术活动进行自我心理调适的方法又称为艺术调适法，它是活动调适法的重要形式。艺术具有发泄情感的作用。“书者，抒也”“一点芳心休诉，琵琶解语”“欲将心事付瑶琴，知音少，弦断有谁听”。可见艺术能够表达“不能言又不能缄默的东西”，是一种开放内心世界和独白的手段，也是能够释放积聚的情感、解除超负荷的精神压力、安抚焦躁情绪的手段；艺术具有寄托情志的投射作用，古人说得好“志感丝篁，气变金石”。“诗言志，歌永言……诗者，持也，持人情性”，画梅菊以喻坚强不屈，画兰竹以喻高洁、正直，说的都是艺术对人格的投射性；艺术也是使人产生意象和超经验世界体验的手段，在梦幻般的世界中，欣赏者可以进行任何惬意的幻想或联想，暂时逃避现实世界，忘却自己的存在而融入一种审美的意境之中；艺术作品可以引发欣赏者对往事或生活经历的回忆与联想，加深对生活的体验，激发生活的热情；艺术曾经是，现在也是一个民族或群体的心理特质或文化传统的象征，通过艺术可以了解传统，了解世界，获得群体心理，而这是获得社会适应能力的必要条件。在运用艺术调适法时，应根据自身的情况选择相应合适的活动种类，如对抑郁者可选择音乐疗法，对焦虑者可选择绘画疗法，对恐惧者可选择舞蹈疗法等。另外，要根据活动的心理效应和心理调适目标选择相应的题材。

二、合理宣泄法

合理宣泄法是指利用或创造某种条件、情境，以合理的方式把压抑的情绪倾诉和表达出来，以减轻或消除心理压力，稳定情绪的一类方法。宣泄是一种释放，其作用在于把压抑在心里的愤怒、憎恨、忧愁、悲伤、焦虑、痛苦、烦恼等各种消极情绪加以排解，消除不良心理，得到精神解脱。因此，宣泄是摆脱恶劣心境的必要手段，它可以强化人们战胜困难的信心和勇气。无论是失恋、亲人亡故等痛苦，还是惧怕某人、某种场合等难以言说的行为，通过倾诉或用行动表达出来，实际上是对有碍于身心健康的情绪状态进行自我调节，宣泄的过程也是人们进行心理自我调整的过程。

由于多种因素，消防救援人员的心理压力往往比较大，有的队员时常会出现一些消极情绪，对于其合理宣泄甚至牢骚，应予以正确的认识和充分的理解。不能认为谁说了几句不中听的话就是冒犯领导，不能把抹眼泪与意志薄弱画等号。既要注意引导消防救援人员采取合理的方式使消极情绪得以排解，又要教导大家自觉遵守条令条例和队伍规定，以不影响正常的训练、工作秩序与他人的生活为原则。

宣泄的主要方式有以下四种。

1. 倾诉

心里有什么问题和积怨，可以找同乡、队友、领导尽情地倾诉出来。倾诉对象一般是最亲近、最信赖、最理解自己的人，否则就不能无所顾忌地畅所欲言。在倾诉的过程中，倾诉者可能因情绪激动、过度悲伤等因素，说话唠唠叨叨，词不达意，说过头话，甚至发牢骚，对此倾听者要给予理解、同情和安慰，并适时予以正确引导。

2. 书写

用写信、写文、作诗或写日记等方式，使那些因各种原因而不能直接对人表露的情绪得到排解。比如写日记，自己对自己“说”，想“说”什么就“说”什么，没有任何心理压力，许多不良情绪就在字里行间化解了。

3. 运动

有了消极情绪，闷坐在房子里可能“剪不断，理还乱”，到室外去打打球、跑跑步或爬爬山，呼吸一下新鲜空气，让怒气和痛苦随汗水一起流淌，心情就会开朗起来。

4. 哭泣

中国有一句老话，叫“男儿有泪不轻弹”，似乎男子汉是不应该哭泣的。其实，从身心健康这个角度来讲，“泪往肚里流”是不可取的。流泪也是一种宣泄，无论是偷偷流泪还是号啕大哭，都能将消极情绪排解出来，从而减轻心理压力。

三、放松训练法

紧张、严格、高强度的训练，相对封闭的生活，容易使一些消防救援人员出现紧张、烦闷、焦虑、恐惧等不良情绪以及头痛失眠等生理状态。放松训练法是缓解和消除这些状态的一个有效方法。

放松训练法是为达到肌肉和精神放松的目的所采取的一类行为疗法。人的生理活动与心理活动密切相连，放松训练就是通过肌肉松弛的练习来达到心理紧张的缓解与消除。研究证明，放松训练所导致的松弛状态，可使大脑皮层的唤醒水平下降，通过内分泌系统和自主神经系统功能的调节，使人因紧张反应而造成的生理心理失调得以缓解并恢复正常。放松训练对于缓解紧张性头痛、失眠、高血压、焦虑、不安、气愤等生理心理状态较为有效，有助于稳定情绪、振作精神、恢复体力、消除疲劳，对增强记忆、提高学习效率、增强个体应对紧张事件的能力也有一定效果。

放松训练的方法有许多种，这里简要介绍五种简便易行的放松训练法。

（一）一般身心放松法

常用的身体放松的方法有做操、散步、游泳、洗热水澡；常用的精神放松的方法有听音乐、看漫画、静坐等。是否需要放松，何时需要放松，可以通过自我观察身体和精神状态来确定。从身体方面，可以观察饮食是否正常，睡眠是否充足，有无适当运动等；从精神方面，可以观察处事是否镇定，是否容易分心，是否心平气和等。如果观察后的判断是否定的，就需要进行放松训练。

（二）想象性放松法

在指导消防救援人员做想象性放松之前，应先让他们放松地坐好、闭上双眼，然后给予言语性指导，进而由他们自行想象。常用的指示语是：“我静静地俯卧在海滩上，周围没有其他人，我感受到了阳光温暖的照射，触到了身下海滩上的沙子，我全身感到无比的舒适，微风带来一丝丝海腥味，海涛声……”在给出上述指示语时，要注意语气、语调的运用，节奏要逐渐变慢，配合对方的呼吸。

（三）精神放松练习法

通过引导消防救援人员把注意力集中在不同的感觉上，达到放松的目的。比如，可以指导消防救援人员把注意力集中在视觉上，静心地看着一支笔、一朵花、一点烛光或任何一件柔和美好的东西，细心观察它的细微之处；集中在听觉上，聆听轻松欢快的音乐，细细体味，或闭目倾听周围的声音；集中在触觉上，触摸自己的手指，按按掌心，敲敲关节，轻抚额头或面颊；集中在嗅觉上，找一朵鲜花，集中注意力，细嗅它散发的芳香等。

（四）渐进性肌肉放松法

在对消防救援人员进行渐进性肌肉放松训练时，要注意选择不受干扰、温度适宜、光线柔和的房间或室外，让他们坐姿舒适。然后，引导他们想象最令自己松弛和愉快的情景，并在一旁用言语指导和暗示。指导语是："坐好，尽可能使自己舒适，放松。现在，首先握紧右手拳头，并把右拳逐渐握紧，在你这样做时，你要体会紧张的感觉，继续握紧拳头，并体会右拳、右手和右臂的紧张；现在，放松，让你的右手指放松，看看你此时的感觉如何；现在，你自己试试全部再放松一遍；再来一遍，把右拳握起来，保持握紧，再次体会紧张感觉；现在，放松，把你的手指伸开，再次注意体会其中的不同。现在，你的左手重复这样做。"以上同样的方法用于放松左手与左臂，接着放松面部肌肉，颈、肩和上背部，然后胸、胃和下背部，再放松臂、股和小腿，最后身体完全放松。在他人进行一至两次指导后，个人也可以进行自我肌肉放松。

（五）深呼吸放松法

当在某些特殊的场合感到紧张，而当时不具备符合条件的时间和场地来慢慢练习上述的放松方法时，可以传授消防救援人员最简便的深呼吸放松法。这和日常生活中人们自我镇定的方法相似。具体做法是使其站定，双肩下垂，闭上双眼，然后慢慢地做深呼吸。可配合他们的呼吸节奏给予如下指示语："呼……吸……呼……吸……"，或"深深地吸进来，慢慢地呼出去；深深地吸进来，慢慢地呼出去……"。这种方法在消防救援人员掌握以后，也可自行练习。

习题

1. 怎样科学地看待心理状态？
2. 基层消防救援人员常见的心理问题表现在哪些方面？
3. 你会采用什么心理调适方法促进自身心理健康水平？

第八章　消防救援人员心理应激及调适

由于现代生活节奏越来越快、生存竞争日趋激烈，对心理应激的研究越发引起人们的高度关注。消防救援工作的高应激职业特性，使得消防救援人员在身体、心理上都处于高风险、高负荷的应激状态，国内消防救援人员，尤其是抢险救援人员的应激现状应当受到重视。

第一节　概　述

一、应激的定义

应激（stress）是心理学领域发展较快的一个概念。1932 年，美国哈佛大学生理学家沃特·坎农将应激引入生理心理领域。1956 年，加拿大生理学家汉斯·塞耶首先将应激引入社会科学领域中，使应激研究真正成为心理学研究领域的独立主题。汉斯·塞耶第一次提出了应激的心理学概念，即人或动物有机体对环境刺激物的一种生物学反应现象，还在实验研究的基础上，提出了 GAS（General Adaptation Syndrome）模型，因而他被称为“应激研究之父”。

不同学者从不同角度给应激下了不同的定义。据统计，目前应激的定义有 300 多种。塞耶认为，应激就像相对论一样，是一个广为人知却很少有人彻底了解的科学概念。《心理学词典》对应激是这样界定的：“应激（stress）：一般指作用于系统使其明显变形的某种力量。常带有畸形或扭转的含义，该词用来指有关物理的、心理的和社会的力量；上述释义中提到的各种力量或应激所产生的心理紧张状况。”

二、应激的要素

现代应激理论认为，应激是个体面临或察觉（认知、评价）到环境变化（应激源）对机体有威胁或挑战时做出的适应和应对的过程。根据上述定义，综合各方资料，应激的产生包括应激源、中介因素和应激反应。

（一）应激源

应激源即任何具有伤害或威胁个人的情境或刺激。国内外有关应激的研究大致会从以下四个角度来探讨应激来源。

1. 重大生活事件

在应激源的概念下，重大生活事件是指生活中遭遇的足以扰乱人们心理和生理稳态的重大变故。

2. 日常困扰

学者将轻微而持久的麻烦称为“日常困扰”，主要指日常生活中的麻烦带来的苦恼，如交通阻塞，家人与邻居争吵，工作、生活中的千头万绪等。大量研究表明，日常生活琐事也会导致生理上的衰竭，如对体重的担忧、丢东西、物价提高、家务事等，这种困扰对身体健康的影响有时甚至大于重大生活事件。

3. 工作应激源

工作应激源又称职业性应激源，指劳动环境中影响劳动者心理、生理稳态的各种因素的总和。

4. 环境应激源

凡是自然或社会环境中的重大或突然变故，致使个体的心理、生理稳态破坏的因素均可归入环境应激源。一类主要是由自然力所导致的某些对人类的灾害，如地震、洪水、火山喷发等；另一类则是一些人为灾难，如有毒化学物质的外泄、核辐射等；还有一种称为背景性应激源，如噪声、空气污染等。另外，重大的社会变革，如战争、动乱、人口膨胀、经济衰退、街头暴力等，都可能使人产生心理应激。

对处于救援一线的消防救援人员来说，自然灾害、死亡、伤病等重大事件在个体身上发生的风险性极高，但其日常生活困扰、组织压力等因素也比较重要。因此，既应重视重大事件也应重视日常“小事”，既应关注职业应激也应重视家庭、环境因素。

（二）中介因素

有研究发现，个体在高应激状态下，如果缺乏社会支持和良好的应对方式，心理损害的危险度可达43.3%，为普通人群的两倍。主要有以下五种：一是认知评估。只有当认为该事件或情境对个人有威胁时，才构成应激，此过程即“认知评估”。二是可预测性和可控制性。缺乏可预测和控制性的事件通常使个体陷于无助，容易产生心理紊乱。三是应对。应对是指通过认知调节和行为努力来对付应激的过程。应对方式是指采取的方法或策略。四是社会支持。社会支持是指来自社会各方面包括亲朋好友、同事、组织等精神和物质上的帮助。五是人格。美国心理学家Kosaba认为，良好的人格可以在生活事件对健康的冲击中起到缓冲作用。汕头大学精神卫生中心副院长许崇涛的研究结果表明，人格因素是心理健康低下的一个独立“原因”，有文献记载，A型人格对应激有很大的影响。

（三）应激反应

应激反应即由应激源引起的生理、心理反应及行为改变。大部分学者将应激症状分为以下三种。

1. 生理上的应激症状

生理上的应激症状通常包括心跳加速、血压升高、心血管或呼吸系统的毛病、流汗、口干、血糖增加、瞳孔扩大、头痛、溃疡、头昏眼花、肾上腺素分泌减少、胃酸增加、食欲降低、便秘、肌肉僵硬或颤抖、失眠、疲倦、不安、呼吸加快、皮肤过敏等。目前，研究最多且最重要的四个生理症状系统为心脏及血管系统、胃肠系统、呼吸系统和皮肤系统。

2. 心理上的应激症状

有的学者指出心理上的应激症状有焦虑、忧郁、不满足、低自尊、疲劳、愤怒及疏离等；有的学者指出心理上的应激症状有退化、冷漠、投射、攻击、幻想、健忘等；有的学者则指出心理上的应激症状有无法做出决策、无法集中精神及对批评过度敏感等。

3. 行为上的应激症状

一是个人生活上的行为症状。突然改变某些习之已久的行为，如开始抽烟、喝酒；重复表现某一特殊行为，如酗酒、拖延工作时间；有容易发生意外事件的倾向，常有冲动性的行为发生，体重减轻、滥用药物等；此外，还有活动次数改变与挫折忍受度下降等行为表征。二是个人工作上的行为症状。有的学者指出个人工作上的行为症状有绩效降低、参与意愿降低、逃避责任、离职倾向增强及缺乏创造力等。

大量研究表明，应激与某些疾病的发生、发展或恶化都有很大的关联。在应激发生时及之后较多见的疾病有感冒、心肌梗死、消化性溃疡、哮喘、偏头痛、结核病、酒精中毒等。此外，学者认为应激具有相对的正负两种性质。塞耶曾说，“完全脱离应激等于死亡”。应激太少或应激太多其结果一样糟糕。他认为，正性应激表现的是一种愉快的、满意的体验，可以加深我们的意识，增加我们的心理警觉，还经常会导致高级认知与行为表现。负性应激则会使个体产生一种不愉快、消极痛苦的体验，具有阻碍性，因此，负性应激是要避免的。

三、国内外消防心理应激研究现状

国外对消防救援人员心理应激的研究始于20世纪60年代，但相关研究却很难见诸文献。根据找到的资料可以看到，学者们研究的主要领域仍是应激源。

有的学者认为，消防救援人员工作的应激主要来自：①轮值工作，不停轮换工作时间，破坏身体功能的正常运作与生活的规律性，同时难与家人团聚；②经济压迫，工作复杂加上工作时间又长，而相对待遇却偏低，因收入不足，必须下班后兼职其他工作，影响正常工作体力；③工作负荷，工作负荷不均，有时忙得要命，有时却因负荷过低而显得单调无聊；④危险和创伤，消防工作情境高度危险，必须经常保持警觉性，以致持续地造成身体紧张。同时，常常接触灾难事件，也是造成高度职业应激的原因。

有的学者通过整理文献归纳出消防救援工作中五种公认的应激。①危险与对潜在危险的恐惧，经常出现在灾难现场或救援设备不良等，都是造成应激的原因；②置身于悲剧事件中，消防人员有更多接触不幸事件及场景的机会；③角色混淆，对自身的责任、权限以及与他人的关系缺乏一种明确性或清晰的指导方向；④无聊与体能缺乏充分运用，有一大部分工作属于例行性工作，若再加上体能无法充分运用，久而久之会令人感到厌烦与无聊；⑤轮值工作，变动的时间与疾病有很高的关联，特别是破坏生理的规律，造成了饮食与睡眠的改变，并产生了胃与肝方面的疾病。

目前，国内对消防救援人员心理应激的研究较少，基本属于空白。

第二节 消防救援人员心理应激相关因素

一、应激源分析

从应激源分析来看，影响消防救援人员心理的主要因素都与任务有关。

（一）消防职业的特殊性是构成消防救援人员心理应激的主要因素

国外文献中所见消防救援工作的主要应激源是轮值工作、工作负荷、危险和创伤、角色混淆。其余还包括职业特性、执勤压力、业务技能等方面。消防救援工作是一种高应激工作。人员执勤的经常性、灭火救援的危险性等特点，导致消防救援人员经常处于精神高度紧张的状态。广大消防救援人员长时间处于待命和警惕状态，发生火情、灾情、险情的时间难以预测，不仅如此，在执行灭火抢险任务时，还要经常处于可能引起受伤甚至牺牲的情境之中，要经常面对火场上浓烟、毒气、高温中所发生的死亡、鲜血、肢体模糊等应激情景。残酷的救援环境和后果，对消防救援人员的心理健康是一个极大的考验。同时，消防救援队伍的体能训练强度大、时间长、科目难、训练目标高、训练事故易发，这些都可能使消防救援人员产生心理适应上的问题，如挂钩梯、两节拉梯、消防百米障碍操、滑绳自救等科目对训练者体力、技术和心理要求均较高，特别是对新消防员的心理压力较大，他们可能因此类压力的刺激而感到紧张并产生应激。在特殊的工作环境中，过度的应激反应会使个体出现感知和思维障碍，动作失误、迟缓甚至僵硬，产生冲动或逃避行为，即“战斗应激反应”，这种不良应激反应不但容易造成生理上的过度疲劳，而且还会导致情绪障碍，如消极、被动、淡漠、紧张、焦虑、抑郁等。若不妥善疏导、解决，就会影响消防救援人员的身心健康。

（二）上下级关系成为影响消防救援人员心理应激的重要因素

消防救援队伍是实行严肃的纪律、严密的组织，按照准现役、准军事化标准建设管理的团体，每一名消防救援人员每天都在处理上下级之间、队友之间的关系。消防员入队前有的经过商、打过工、当过兵或者刚刚从学校毕业，人员成分相对复杂。在处理人际关系时，没有当过兵的消防员不习惯消防救援队伍严格的集体生活和上下级关系，不善于处理上下级关系之间、同事之间的人际关系，使自己处在较为紧张的人际关系中，而有过服役经历的消防员面对和之前部队完全不同的管理方式和理念，难免会产生不屑、不服的逆反心理，这两种状态如不及时进行化解就容易产生心理问题。

（三）工作与家庭冲突引发的心理应激应引起足够重视

基层消防救援人员 24 小时执勤，想念家人及照顾不到家人，这与工作产生矛盾，如果处理不好，将会使基层消防救援人员心理不稳定，引发消极怠工甚至退出队伍的行为反应。另外，住房紧张和家庭经济困难也成为接近重度或重度刺激的应激源。而在现实生活中，家庭贫困、家属下岗、家庭纠纷、子女入托上学等实际困难还困扰着广大消防救援人员，加剧了他们的心理负担，所以，消防救援人员的后顾之忧已经成为造成其心理压力不可忽视的重要因素。

（四）正确对待救援人员成长需求

消防救援人员有个人成长需求应当是正常的而且是值得鼓励的，但如果带着不切实际的期望或者过于功利化的思想，过分相信自己的力量和能力，对自己的前途和未来设计得过于完美，而一旦由于客观环境的限制，“蓝图”不能如愿实现，就会产生理想自我与现实自我之间的矛盾。事实上，特别是在新消防员分配工作、队伍评功评奖、选改消防士、干部调职等敏感问题上，比较容易出现自我认知失调，如果总认为自己比他人干的工作多、付出的多，自然得到的也应该多，而一旦达不到预期目的，就容易出现自我认知失调，对未来、前途感到茫然，产生自卑、自责心理，以致陷入空虚、绝望的泥潭，不能自拔。

二、应激反应分析

从应激反应分析来看，严重的不良反应会造成非战斗减员。

火场及灾害现场的烟雾、高温、噪声、光电的刺激等许多应激源，给参加灭火救援的一线消防救援人员心理上带来超常的压力，这些场景极易使消防救援人员产生各种心理异常。常见的火场心理障碍根据心理异常程度及其特点，一般分为火场应激反应、火场神经症和火场精神病三种类型。据统计，2001—2003 年，我国某省发生火场神经症病例有 53 例，其中神经衰弱症有 24 例，占 45. 3%；焦虑症有 13 例，占 24. 5%；癔症有 7 例，占 13. 2%；恐惧症有 5 例，占 9. 2%；自动症有 4 例，占 7. 8%。

从研究统计来看，一线消防救援人员的应激反应因子主要有情绪性反应、生理疲劳、身心紊乱、睡眠障碍、认知失调及轻度躯体反应。

生理疲劳主要体现为头晕、胸闷、恶心、肚子疼、尿频、手脚发僵和呼吸困难。轻度躯体反应体现为手心出汗、心跳加快和脸红、发热，这些是典型的急性心理反应症状。一般发生在消防救援人员参加灭火救援当中或救援后数小时内，其特点是突然发生，生理性过度激起，持续时间短（数小时、数分钟内），容易恢复。如果出现这种情况，一般来说是正常的，可以通过放松技巧得到缓解。但如果消防救援人员长时间（数周、月、年）处于应激状态，长时间的紧张和劳累得不到有效缓解，就有可能造成慢性火场应激反应，会引发低活度的生理状态，精神萎靡，形成“火场疲劳”“火场衰竭”。其特征是在火场上动作技巧丧失，对高温、缺氧等环境耐力降低，思维和行动变慢及丧失灭火救援能力。同时，还伴随认知失调，对工作失去兴趣，消极怠工，感到无聊、不想动，产生无助、无能感。甚至部分消防救援人员对工作厌倦，产生转岗、退出队伍的想法。情况严重的还会引发火场神经症。该疾病是由精神因素引起的非器质性慢性心身功能障碍。最常见的症状主要有神经衰弱症、焦虑症、癔症、恐惧症、自动症五种类型。在灭火、抢险救援过程中，消防救援人员执行繁重、艰巨、危险的救援任务，精神处于高度紧张状态，并且在长期睡眠不足、持久疲劳的情况下，精神创伤或者具有人格缺陷的人更容易产生神经衰弱症。同时，焦虑症也是典型的一种火场神经症，消防救援人员对火场危险的过度担心往往容易导致此症发生。恐惧症患者则对火灾现场的特殊环境，如黑暗、高空环境等产生恐惧回避反应。据对参加过某制药厂特大火灾扑救的消防救援人员的调查，有 15.3% 的消防救援人员存在恐惧心理，特别对爆炸、爆燃和溶剂的麻醉十分恐惧。严重的心理障碍已成为削弱消防救援队伍救援效能的无形力量。

在现实生活中，由于灭火救援相对持续时间较短，一般在几小时或几天之内完成，持续时间一般不超过一周，所以其发病率也较低且病种单纯，但一旦遭遇极强刺激和长时间的持续灭火救援任务，产生火场精神分裂症也是有可能的。据某省消防救援总队统计，历年来全省火场精神病案例仅两例，分别是精神分裂症和反应性精神病。该病患者以性格改变，思维怪异，行为奇特，情感和行为不协调及与现实环境完全脱离为主要特征。常见的特征症状为：①思维联想障碍，思维联想过程缺乏连贯性和逻辑性；②情感障碍，情感淡漠，情感不协调；③感知障碍，以幻听幻觉居多，常出现言语性、评论性的幻听幻觉；④行为障碍，患者的精神活动与其行为活动的一致性和完整性遭到破坏。

新入队消防员作为消防救援队伍的一个特殊群体，能否在较短的时间内顺利完成从地方青年到合格消防员的角色转变，尽快适应消防救援队伍的生活、工作环境，在面临各类应激事件时能反应适度、应对得当，这对于维护新消防员的身心健康及提高队伍救援效能具有重要意义。

三、社会支持分析

从社会支持来看，社会支持体系的建立将成为应对应激的缓冲器。

20 世纪 70 年代初，在精神病学文献中引入“社会支持”的概念，社会学和医学用定量评定的方法，对社会支持与身心健康的关系进行大量的研究。多数学者认为，良好的社会支持有利于健康，而劣性社会关系的存在则损害身心健康。社会支持一方面对应激状态下的个体提供保护，即对应激起缓冲作用；另一方面对维持一般的良好情绪体验具有重要意义。法国社会学家涂尔干发现，社会联系的紧密程度与自杀有关。对精神疾病患者的研究发现，与正常人比较，精神分裂症患者的社交面较窄，一般局限于自己的亲人，而神经症患者社交活动少，社会关系松散。

研究发现，亲密关系、家庭关系、师友关系、同志关系及社会关系都能为消防救援人员应对应激时提供情感性、工具性的支持。消防救援人员的社会支持网络是相对完善的，社会支持方式的采用与个体文化程度有显著关系，这也得到了有关文献的支持。社会支持网络的大小与社会影响力、收入、教育程度有关。社会影响力、收入、教育程度越低，社会支持网络可能会越小；文化程度越高，社会支持网络就越大，抗应激风险的能力也就越强。因此，加强消防救援人员的文化教育是必要的。

四、应对方式分析

从应对方式来看，培育积极的应对方式有助于减缓压力。

应对方式的因子与弗洛伊德提出的心理防御机制中的有些方式相类似。例如，理智化的应对方式，包括寻找不足和缺点，尽力想出解决的办法；自我鼓励、沉默、静心思考等行为，弗洛伊德将之定义为“合理化”。而退避或淡化因子，含撒谎、装病请假、找人发泄，美国心理学家福尔克曼和拉扎勒斯将之定义为逃避。很多研究表明，应对有积极应对和消极应对之分。积极应对因子有升华、放松技巧、理智化和问题解决。而消极应对因子有攻击性行为和退避等。极端性的行为，如打架、喝酒、骂人、摔东西和大喊大叫，这些行为在消防救援人员中也不鲜见，应当注意引导。

第三节　消防救援人员应激的有效调适

消防救援人员群体的职业应激及心理保健体系的建设，应从以下三个方面进行加强。

一、构建立体化的心理训练体制

重特大火险处置经历往往对消防救援人员的心理应激有显著影响。有重特大火险处置经历的一线消防救援人员在突发状态下往往更冷静和理智，这充分说明了真实火场是最重要的心理训练场所，也表明了模拟训练等心理训练的重要性。因此，必须结合消防救援人员的本职工作，构建立体化的心理训练机制。

（一）形成完善的消防救援人员心理训练内容体系

一是一般心理训练。一般心理训练是各项心理训练的基础训练，目的是培养消防救援人员的责任心和事业心，培养情绪的稳定性，培养自我心理调节能力。可分为提升自信训练、开发潜能训练、控制情绪训练、磨炼意志训练四个内容。二是专业心理训练。专业心理训练是指对指挥员、消防员等不同岗位人员，依据其职责分工进行不同的心理训练。指挥员心理训练的重点是增强指挥员的心理适应能力，提高对灾情现场的组织指挥能力；消防员心理训练的重点是消除慌乱、恐惧情绪，培养勇敢顽强、坚韧不拔、灵活应变的品质；驾驶员心理训练的重点是增强闻警出动和各种条件下的驾驶技术及火场供水能力等；调度员心理训练的重点是提高接处火警的能力。三是集体心理训练。集体心理训练是指有意识地对消防救援人员的心理过程和个性心理特征施以影响，铸造团队精神，培养消防救援人员相互信任、团结协作、热爱集体的优良品质。

（二）与灭火救援工作紧密结合

同有经验的培训人员共同制定各项能力培训的目标、方法、实施手段与进程，加强心理能力、素质的锻炼，使之能够更妥善地处理各种突发情况，控制应激水平，维持自己的身心健康。同时，在消防救援人员中普及一些常用的应对策略与方法。对于经常处于紧张状态的一线消防救援人员来说，非常有必要让他们学会有效的放松技巧，使他们更加容易控制自身的心理状态。具体来说，可以在消防救援人员进修、轮训的课程中适当地加入相关的心理学内容，既要有理论知识的传授，让他们可以了解应激、认识应激、正确面对应激，也要有实践的操作与训练，如练习放松或模拟应激事件，并以此展开各种应对活动。

二、完善消防救援人员心理应激干预与调控的措施

目前，从全国消防救援队伍来看，心理教育与疏导尚处于起步阶段。要使消防救援人员面对火灾突发事件时做到心理镇静，处置得当，并在处置后迅速恢复身心健康，仅凭开通业余时间的心理咨询热线、开设咨询信箱或进行常规的心理知识教育是远远不够的。必须在组织机构上有实质性的发展举措，才能真正地将心理学运用于消防救援人员的选拔、训练中。此外，可以在有条件的地方，试点建立消防救援人员心理辅导中心，由心理学专业人员及一些专门从事一线消防救援人员培训、选拔的工作人员组成，负责消防救援人员群体的心理工作。

（一）重视消防救援人员的选拔

运用合理的测评手段、工具，在消防员招录时进行全方位的测评，就其性格、能力、心理健康程度及其他方面的因素做出综合的评价，将测评结果作为是否录用的一项重要参考。把好人员关，确保选拔的人员具有较高的素质，可防止有心理疾患或心理承受力不佳者进入消防救援队伍，避免在高应激环境下诱发其心理问题。另外，对在职的消防救援人员进行评估，鉴别出症状明显的人员并及早进行干预，避免极端事件发生。

（二）建立完善的消防救援人员心理健康档案

建立消防救援人员心理健康档案，把消防救援人员日常心理的变化情况、心理测试结果、心理医生的建议与忠告记录入档，为准确把握消防救援人员的心理变化、开展心理疏导提供依据。在实践过程中，要注意尊重隐私，有关被测者的心理测试结果和心理问题的档案材料要严格保密。对一些人格异常、心理承受能力差的被测者应采取有针对性的预防教育措施，做到随时发现问题、随时进行干预。

（三）构建心理咨询多级网络

理想而有效的心理咨询系统应是敏感的多极化、立体化的网络系统。基础级为消防救援人员心理自助机制。新时期消防救援人员自身综合能力水平的提高，使消防救援人员心理自助发挥重要作用。中间级为消防救援队、站干部和在职时间较长的消防长咨询员心理疏导机制。因为消防救援队、站干部和在职时间较长的消防长对消防员的日常生活、学习训练等各方面情况认识比较全面，同时在实际工作、生活中也扮演着领导、榜样、兄长等多重角色，作为基层队、站的管理者，心理学知识必不可少。第三级为专业人员的心理咨询机制。其中包括队伍内部从事政治工作、医疗救护方面的专业人员和社会上进行心理咨询的专业人员。专业人员通过区分不同层次、对象来开展心理咨询工作。

（四）实施专业的心理应激干预

可以借鉴国外已经较为成熟的紧急事件晤谈制度，通过公开讨论内心感受、支持和安慰，帮助当事人在心理上（认知上和感情上）消除创伤体验。在消防救援人员个体经历较大强度的应激事件后，如经历重特大火灾事故及突发事件之后，应引导其接受例行的咨询，以评估、缓解急性的职业应激。

三、优化人际关系氛围，构建完备的社会支持网络

社会支持是消防救援人员职业应激的重要影响因素。社会支持并不仅仅是指对消防救援人员的直接帮助，而且还是一种多维度的推动、鼓励与肯定。对于消防救援人员来说，他们更需要的是体系化、网络化的支持。

（一）推进人性化管理，优化上下级关系

人际关系可能成为应激源，但也可能成为一种社会支持力量，从而有效地减少应激源。在消防救援队伍中，上下级关系处理得不好可以成为应激源，而良好的上下级关系又可能成为社会支持的一个重要因素，成为减缓职业工作压力的一个重要支持。因此，优化上下级关系，关键是干部，即基层指挥员要懂管理、会管理、善管理，并且认识到组织对于消防救援人员个体的重要性，在对消防救援人员进行工作管理的同时，结合基层思想政治工作的一些基本做法，给予相应的支持。另外，提高组织内部的沟通、交流，化解组织性的应激源也是非常必要的，这将有助于消防职业应激源的减少。此外，还应积极关心消防救援人员的成长需要，为消防救援队伍创造一种公开、公平、公正的有序竞争环境，坚决摒弃不择手段的不良竞争现象，努力培养消防救援人员的良性竞争意识。

（二）构建家庭、队伍、社会一体化的支持网络

家庭的作用不可忽视，调查研究发现，已婚的消防救援人员的社会支持明显高于未婚的。因而，在保证完成消防救援工作的同时，让消防救援人员尽可能有更多的时间与家人相处和沟通无疑是一种稳定的社会支持，尤其是主观支持，它是降低应激负效应的途径之一。同时，外部的社会支持也是必不可少的，只有提高全社会对于消防救援群体的认同，结合共建活动，积极配合他们的工作，并给予其应有的尊重，这样才能进一步缓解他们的紧张与职业应激。当然，这需要社会方方面面的关注，需要长期的努力。

习题

1. 应激障碍产生的原因是什么？
2. 如何处理与预防不良应激反应？

第九章　消防救援人员心理危机及应对

消防救援人员心理素质的高低，直接影响消防救援任务的完成、工作效率的提高和队伍的全面建设。同时，消防救援人员作为队伍执行多样化任务的重要组成力量，也是心理危机发生的高危人群。因此，了解和掌握心理危机的基本常识，研究和探讨消防救援人员的心理危机干预问题，使消防救援人员学会自我心理调控和应对的基本方法，并针对消防救援人员在消防救援任务中常见的心理问题，制订心理危机干预预案，这既是有效消除和缓解消防救援人员出现应激障碍的关键环节，也是巩固和提高队伍救援效能的重要保证。

第一节　概　　述

危机可发生于各种人群，消防救援人员作为执行高风险、高应激、高压力、高机动救援任务的人员，其发生心理危机的可能性更大、更频繁。因此，探讨消防救援人员心理危机的表现、特点和规律，并适时而有效地进行危机干预，对维护消防救援人员的心理健康，保证队伍发挥救援效能具有非常重要的意义。

一、心理危机的概念

一般而言，危机有两个含义：一是指突发事件，即出乎人们意料发生的事件，如地震、水灾、空难、疾病暴发、恐怖袭击、战争等；二是指人所处的紧急状态。当个体遭遇重大问题或变化感到难以解决、难以把握时，平衡就会被打破，正常的生活受到干扰，内心的紧张不断积蓄，继而出现无所适从甚至思维和行为的紊乱，进入一种失衡状态，这就是危机状态。

危机包含两个内涵，即危险和机遇。一方面，当个体在日常生活中受到严重威胁时，变得无法应对、难以适应，就会出现思维、情感和行为的紊乱，甚至出现精神症状或者产生自杀的想法和行为。另一方面，在危机的发生发展中，个体可以通过某种途径，如专业人员的干预与治疗、社会支持系统的积极作用等来学会应对危机，使自己能够平稳度过危机甚至得到成长，从这个角度看，危机又是一种机遇。

心理危机是指由于突然遭受严重灾难、重大生活事件或精神压力，个体或群体无法利用现有资源和惯常应对机制加以处理的事件和遭遇。精神医学范畴的心理危机是指由于突然遭受严重灾难、重大生活事件或精神压力，使生活状况发生明显的变化，尤其是出现了用现有的生活条件和经验难以克服的困难，致使当事人陷于痛苦、不安状态，常伴有绝望、麻木不仁、焦虑以及自主神经症状和行为障碍。

二、心理危机的发展周期

研究表明，应激事件引发的消防救援人员的心理危机，其心理反应的发展过程按照时间发生的顺序，一般可经历四个阶段。

（一）冲击期（休克期）

在危机事件发生的当时或发生后不久，激烈的、与日常生活完全不一样的经历与体验会以巨大的冲击力压向个体的视觉、听觉、嗅觉、触觉等感觉器官，致使个体出现焦虑、恐惧、不知所措、不能合理思考，出现意识不清（少数人）等现象。冲击期是危机处理中最困难、最紧迫的时期。

（二）防御期（危机期）

个体受到冲击后，极力想控制自己的情绪，调整认知功能，达到心理平衡，但由于没有能力解决或不知如何面对困境，就会表现为退缩或否认问题的存在，或对不平衡加以合理化。

（三）解决期（适应期）

这一时期，个体能够正视现实，接受现实，寻求各种努力，采取积极的办法成功解决问题，使焦虑减轻、自我评价上升，逐渐恢复自信，社会功能得以恢复。

（四）成长期（危机后期）

个体经历危机后，在心理上变得较为成熟，同时也获得更多的、更有效的应对危机事件的技巧，因此得到成长。个别消防救援人员也可能采取消极应对的方式，出现种种不健康的情绪和行为。

三、消防救援人员心理危机的表现及危害

（一）表现

消防救援人员在执行急难险重任务时，由于任务的突发性、艰巨性、复杂性、残酷性以及后果的不确定性，容易出现心理危机。消防救援人员的心理危机主要表现在以下四个方面。

1. 认知反应

认知反应是消防救援人员在执行救援任务期间常见的心理反应。一般表现为注意力不集中，缺乏自信，思维狭窄，对上级指派的任务难以完成。个别人员在紧急状态下，不能冷静分析，出现思维固定化、行动僵硬化、判断主观化、问题简单化等状况。据有关资料显示，参加“5·12”汶川地震救援的人员中，有28.4%的人员出现注意力不易集中，记忆力减退，健忘；有30.4%的人员出现不必要回忆，反复回忆经历过的惨烈场面；有52.3%的人员体验到非真实感，不相信眼前发生的一切；有22.0%的人员存在时空障碍；有45%的人员有闪回现象等。

2. 情感反应

消防救援人员在执行救援任务时的情感反应通常表现为紧张、焦虑、恐惧、悲伤、麻木、烦躁、过分敏感等。在“5·12”汶川地震救援的人员中，有50.8%的人员感到内心痛苦，觉得自己工作不力，没能救出更多的幸存者，有强烈的内疚感和无力感；有13.8%的人员感到害怕、紧张，担心自己会崩溃，无法放松自己和控制自己，有明显的无助感；有13.7%的人员常常莫名心烦，过度悲伤、难过；有34.6%的人员出现情感困扰，过分自责，怀疑自己、怀疑工作的意义；有22.2%的人员存在情感迟钝，无法激起应有的情感反应，似乎对眼前发生的一切无所谓。

3. 行为反应

行为反应是伴随着认知和情绪反应的，通常表现为暴饮暴食、逃避现实、自罪自责，甚至出现强迫行为，执行任务的能力降低等。在“5·12”汶川地震救援的人员中，有21.3%的人员存在明显回避行为，不愿去救援现场，回避救灾中的人和事，不愿提及救灾细节，不愿主动与人交往；有17.8%的人员易激惹、易怒，为救灾不顺而感到难过、筋疲力尽，有时会产生人际冲突。

4. 生理反应

生理反应通常表现为肌肉高度紧张，原本有利于救援的肌肉紧张，在应激状态下演变为全身的肌肉无力，还会出现肠胃不适、腹泻、食欲下降、头痛、疲乏、失眠、做噩梦、容易惊吓等。在“5·12”汶川地震救援的人员中，有30.1%的人员出现入睡困难、易惊醒、噩梦、早醒等睡眠障碍；有24.0%的人员会有惊跳反应；有29.5%的人员会有不安全感和警觉反应；还有的人员表现为不同程度的肠胃不适、恶心、呕吐、食欲下降、疲乏无力、呼吸困难等，甚至还表现为暴力攻击、自残自杀等。

当消防救援人员的心理危机不能得到很快控制和及时缓解时，就会造成心理创伤，导致认知、情感和行为上的功能失调以及社会功能的混乱，严重的会形成创伤后应激障碍，甚至可能转换成潜在的压力和焦虑，进而形成严重的心理障碍和心理疾病，直接影响其人格的健康发展。

（二）危害

消防救援人员心理危机所造成的危害相当严重，不仅对个体的身心健康有明显损害，而且对于其所在的群体也有不良影响。对于遭受心理危机侵害的消防救援个体而言，其危害主要表现为以下四个方面。

1. 导致大脑皮层和抑制调节失调

消防救援人员的心理危机对个体心理产生压制，其思维易产生空白，其收集、选择、处理信息的能力显著下降，致使思维效能降低，行为效能随之降低，出现手足无措、不能控制自己行动等异常表现。

2. 影响个体免疫系统功能

心理危机导致个体免疫力下降，出现各种身体疾病。消防救援人员的心理危机是一种应激反应。大多数心理神经免疫学家认为，应激导致的精神性障碍，如抑郁和焦虑是最常见的与精神系统有关的免疫功能失调。研究表明，情绪状态（焦虑、抑郁）在免疫改变中起着关键作用，负性情绪状态可以导致免疫系统功能失调，严重而持久、不可控制的心理及躯体烦恼会导致明显的疾病状态，出现如消化系统、心血管系统、内分泌系统、呼吸系统方面的疾病。据统计，在美国现职所有消防员中，80%的人员有心脏病史。

3. 易致应激相关障碍

消防救援人员的心理危机在个体身上常出现急性应激障碍反应，表现为严重焦虑、食欲下降、失眠、身心极度疲惫等症状，严重影响个人的日常工作、训练、学习和交往能力，损害个人躯体和心理健康，如果这种情况历经数周或一个月还不能缓解，则有可能导致创伤后应激障碍。创伤后应激障碍（PTSD）在1980年被首次命名，以焦虑障碍为主要表现，它可以由相同或类似的刺激引发，以侵入性回忆、回避行为、过度觉醒为主要症状，症状通常持续一个月或者以上，对日常生活和工作有明显破坏作用。

4. 易引发神经症

神经症又称为神经官能症，人们熟悉的“神经衰弱”就是神经症的一个类型。神经症患者的社会适应能力和工作能力或多或少会有缺损的表现，因而常常被冠以“落后”“懒惰”“消沉”的帽子，被认为思想有问题，许多人因此不能自拔。

消防救援心理危机对群体的不良影响主要表现为通过群体间的暗示、感染、模仿等心理行为，使群体凝聚力涣散、士气低落，从而削弱队伍的救援效能。

第二节　消防救援人员心理危机的特点与成因

一、消防救援人员心理危机的特点

心理危机是人们在职业或生活中的一种应激状态，这种应激状态可能导致不良的后果，也可能带来解决问题的契机。因此，危机的产生既有消极意义，也有积极意义，应辩证地认识和分析。心理危机一般具有以下五个特征。

（一）危机是临时的，造成的问题是长期的

心理危机具有自限性，急性期为6周左右，结局可以是适应良好或不良。危机的潜在影响可能是正性的，也可能是负性的。对绝大多数人而言，心理危机状态属于一次性的，当事人在短时间内自己能有效地应对危机并从中获得经验，危机的潜在后果是正性的。但对另一些人来说，心理危机造成的问题可能是长期的。当事人虽然能很快度过危机，但并不是真正解决了问题，而是把有害的后果用人类的本能将它压抑在潜意识中，这无疑是给将来的生活埋下一颗“定时炸弹”。任何创伤事件都会对当事人的精神和心理产生巨大的作用。有的危机可能形成一种慢性创伤后的应激状态，甚至成为当事人的一种生活方式——心理问题或疾病。

（二）危机表现复杂多样

个体在危机状况下，会表现出一种心理上的混乱，出现情感、认知、行为上的问题。从常见的情绪抑郁、焦虑到严重的解决问题的能力下降，甚至出现精神病性症状，形成危机症状网，这些症状不遵守一般的因果关系规律，表现复杂多样，有时甚至是难以理解的。个体环境的所有方面都相互交织，一旦心理危机出现，就会有很多复杂的问题跟着出现。如果很多人在同一时间受到危机事件的影响，如洪水、毒气泄漏、核污染、恐怖袭击、战争等严重的自然和社会事件发生时，包含家庭、社区、单位、地区甚至国家等整个系统都需要进行干预。

（三）危机反应的普遍性与特殊性

心理危机是普遍的，因为在特定情况下，不管个体接受了多少针对创伤的训练，当他面对严重危机时，应激、失衡、迷惑以及应付机制的破坏都是难以避免的。同时，心理危机又有特殊性。面对同样的情况，有些人能够成功地战胜危机，而另一些人则不能。每个人对生活的态度决定了他处理问题的方式。有人一生中不管遇到什么事情都能应对自如；有人特别敏感，现实生活中发生的事件很容易对他造成伤害，并以一种独特的方式储存在记忆中，形成固定的生活方式。

（四）缺乏迅速的解决方法

帮助处于危机中的人的方法是多种多样的。对于急性应激障碍可通过短期干预使症状缓解，但对那些长期存在的问题，基本上没有快速解决的方法。遭受严重应激影响的许多求助者的问题常常是累积的结果，起先他们总是企图找到迅速解决问题的方法，通常是使用药物，尽管这样的解决方法可以延缓极端反应的出现，但造成危机的原因却没有被干预，如果诱发因素不排除，最终会使矛盾爆发导致危机的加深。特别是幼年的创伤经历，对个人后期的成长产生很大的作用。个体的现状可能与其过去的心理冲突有某种联系，一些心理危机可能是个体早年心理创伤的重现，危机解决需要有个较长的过程。

（五）提供个体选择和成长的机遇

危机既是一种危险又是一种机遇。众所周知，危机对大多数人来说是危险的，这是因为危机可能导致个体产生严重的心理病态，甚至出现非理智行为，如自伤、自杀或攻击他人。但危机对某些人来说也可能是一种机遇，因为危机所带来的精神痛苦会迫使当事人寻求帮助，解决其长期潜在的危机。如果当事人能够利用这一机遇，则危机干预者就能够帮助个体渡过难关，促进其健康生活和成长，当事人能够实现创伤后成长。

个体对危机做出反应可能出现以下三种情况。一是当事人自己能够有效地应对危机，并从中获得经验，促进个体的发展。危机过后，他们产生了积极的变化，使自己变得自信并富有同情心。二是当事人虽然能够度过危机，但只是将有害的后果排除在自己的认知范围之外，因为并没有真正地解决问题，在以后的生活中，危机的不良后果还会不时地表现出来。三是当事人在危机开始时心理就崩溃了，如果不对他们提供即时的、强有力的帮助，他们就会停滞不前或陷入泥潭之中。因此，危机需要当事人做出一种选择。不管我们是否愿意面对，生活本身就是一个危机和挑战交织在一起的过程。在危机领域中，不选择本身就是一种选择，而且这种选择最后常常导致消极的、毁灭性的结果。

危机的成功解决具有三重意义。一是个体可从中得到对现状的把握；二是对过去冲突的重新认识；三是对未来可能的危机有更好的应对策略与手段。危机能否成功解决，决定因素不在于个体的既往经历和个性，而在于正在演变的过程。

二、消防救援人员心理危机的成因

消防救援人员心理危机的发生有着复杂的影响因素，消防救援人员对危机的反应程度也有很大差异。面对应激事件的发生，有的人能够坦然面对，应对自如；而有的人却惊慌失措，出现不良的心理应激反应。因此，消防救援人员心理危机的发生发展的性质和严重程度，与个体对危机事件的认识、人员的个性特点、既往的危机经历、社会支持系统的状况以及人员的心理健康水平、适应能力、所处环境及人员自身的身体健康有密切的关系。

（一）危机事件

1. 公共危机事件

公共危机事件依据其性质可以分为以下四种。

一是公共卫生事件。公共卫生事件是指各种突发传染病疫情、不明原因的群体性疾病、食品安全、职业危害严重影响公众健康和生命安全的事件。

二是社会安全事件。社会安全事件是指危及公共安全的刑事案件、恐怖袭击事件、民族宗教事件、经济安全事件等。

三是自然灾害事件。自然灾害事件是指地震、海啸等地质灾害，洪涝灾害，台风、冰雪等气象灾害等。

四是事故灾害事件。事故灾害事件是指重大交通事故、安全生产事故、水电供应等城市公共设施安全事故、重大火灾、核辐射污染、环境污染等。

2. 个人危机事件

个人危机事件包括自杀、罹患重大疾病、亲人突然死亡、被监禁、性侵害、遭遇抢劫、重大社会变革、重要人际关系破裂、战争等。

（二）认知水平

1. 错误的认知结构

国外学者研究指出，危机导致心理伤害的主要原因在于，受害者对危机事件和围绕事件的境遇进行了错误的认知，而不在于事件本身或与事件有关的事实。这说明，个体对灾难性危机事件的认知与评价方式，是个体出现心理应激反应的重要中介，即对其应激反应的程度起着重要的增加或消除作用，从而决定并影响着其产生何种程度的情绪和行为表现。面对危机来临，个体对事件的认识是消极悲观的、极度绝望的甚至是感到失去控制时，就会增大危机事件对个体的冲击与伤害，产生强烈的应激反应；反之，个体对事件的认识是积极的、感到可以控制时，就会自觉地去面对和适应，积极主动地解决问题，这样就减少了危机事件对个体的影响，平稳度过危机。

2. 既往不良经验

既往经历对个体的认知思维模式也会产生重要影响，尤其是过去对个体产生负面影响的事件会使其有“一朝被蛇咬，十年怕井绳”的感觉。既往经历形成的不良感觉，可能会长期存在于个体的认知结构中，当遭遇应激事件时，个体就会变得紧张、脆弱、恐惧，甚至无法积极应对。

（三）个性特征

人的个性特征是影响其心理健康状态的重要内容。良好健全的个性能够使个体在遇到危机冲击时，保持沉着冷静，果断自信，并能够做出积极反应；不良的个性特征，如内向、敏感、遇事消极悲观、紧张、犹豫不决、缺乏自信、自控力较低、情绪波动大、行为容易冲动的人，对危机的耐受力差，易受伤害，对危机的应激反应较强，甚至出现心理障碍。因此，具有这种个性特征的消防救援人员更有可能成为危机干预的重点人群。

（四）社会支持系统

社会支持系统是个体应对危机事件时的一种具有鲜明社会特征的重要资源，它不仅对维持一般良好情绪体验具有重要意义，而且能对应激状态下的个体提供保护。因此，社会支持系统在个体心理危机的发生发展中起着重要作用。具体说，正性的社会支持能够使人感到温暖，为个体平稳度过危机提供坚实的外在基础。而负性的社会支持则会使个体感到无助、恐惧、沮丧，担心被遗忘和抛弃，容易对未来悲观失望，消极应对。一般来说，社会支持系统的内容包括国家、政府部门及相关的政策法规；社会团体及救助机构；个体所属的工作组织单位；家庭成员及亲友等。

（五）健康水平

1. 心理健康水平

个体的心理健康水平与抵抗外界压力的能力呈显著的正相关，即当一个人心理健康水平较高时，其对外界刺激的耐受力和抵抗能力比较强，遇到危机事件的冲击时，受到的伤害较小；反之，就会受到较大影响，甚至难以度过危机。心理健康水平与心理活动强度、心理活动耐受力、心理活动的周期节律性、意识水平、暗示性、康复能力、心理自控力、自信心、社会交往能力以及环境适应能力密切相关。

2. 生理健康水平

健康的躯体是心理健康的重要基础。当躯体罹患疾病时，本身就对个体造成较大的负担。同时，心理健康水平降低，此时若遭遇危机事件，个体就会承载巨大的压力，容易出现心理应激反应，加重躯体疾病的发展，造成对个体更大的心理冲击。

（六）环境因素

人类是在适应环境的基础上才得以不断发展和进步的。因此，个体自身能否与环境变化达到平衡，直接影响其心理健康水平，尤其是危机事件发生时，个体如何适应，如何使自己尽快达到新的平衡状态，决定了其心理应激反应的程度和持续时间。环境因素主要包括社会经济和文化环境、家庭环境等。

（七）其他因素

危机事件的信息获取渠道和真实可信程度、事件预期程度、事件可控程度、危机事件源的距离等因素，也会影响人的心理应激反应。

第三节　消防救援人员心理危机的有效应对

一、危机发生前的危机意识和心理健康教育以及心理训练

从选择成为一名消防救援人员的那一刻起，意味着选择了与危险同行、与危机相伴。无论从队伍管理的角度还是个体身心健康发展的角度，为了避免或者尽量减少消防救援心理危机给个体以及整个队伍造成的不良影响，必须提早入手采取注重预防的心理危机干预措施。干预措施应当开始于新消防员入队时，主要手段是对有志于加入消防救援队伍的青年进行心理筛选，通过心理测试把那些心理素质过硬的人选入消防救援队伍。入队之后要为每名消防救援人员建立心理健康档案，动态掌握人员的心理状况，有针对性地做好相应的心理教育训练工作。

心理教育和心理训练是危机发生前开展心理干预的核心工作。心理教育主要包括危机意识教育和心理健康教育，心理训练主要是心理承受力和心理适应力的训练。

具体而言，危机意识教育是指有意识地运用教育手段，创设相应的刺激环境，展示事物的危机因素，以促使消防救援人员危机意识的形成，进而成为避免危机和增进心理健康的内动力。危机意识教育有利于培养健全的人格，通过对人在危机环境下的教育，可培养人员的抗挫折能力、坚韧不拔的意志，以适应充满压力和危险的消防职业生活。危机意识教育内容应包含知识、情感和技能三个方面。引导消防救援人员思考在应激情境下通常可能发生哪些重大的危机事件需要切实引起关注，从而正确地认识危机；引导消防救援人员合理地利用危机增强自身心理素质。

心理健康教育主要是培养消防救援人员健康的心理素质，要加大心理健康教育的力度，开设心理健康教育讲座和课程，通过普及基本的心理学知识，运用网络、多媒体等多种手段开展心理辅导和咨询活动，实现心理素质的提高。

心理训练包括心理承受力训练和心理适应力训练。心理承受力训练是指以提高承担外界特别是消防救援现场强烈刺激的心理素质的训练。心理承受力是指人的感官持续接受和承担外界一定刺激量的能力。它贯穿于认知、情感和意志的全过程，主要包括认知事物的思辨能力，抵御各种刺激的能力以及战胜自我的控制能力。心理适应力训练主要包括适应一般火场环境的心理训练以及适应特殊消防救援环境的心理训练等。

二、危机过程中的个别和团体心理辅导

在危机过程中必须把握及时性原则。危机发生的本身是应激性的，危机干预中的时间是一个关键因素，不允许进行细嚼慢咽式的思考，不允许做无谓的尝试。因此，危机干预者必须能够对危机中不断涌现、不断变化的问题做出迅速的反应和处理。应坚决杜绝官僚作风，切忌漫不经心或拖拖拉拉，根据消防救援心理危机特点，立即或在24小时以内必须启动并实施。否则将导致危机发展为失控状态，错失干预良机。

在危机过程中，个别和团体心理辅导十分关键。危机过程中的个别辅导主要是用心倾听当事人的心声，陪伴其一起解决问题，危机干预工作人员要尽量尊重并接纳当事人的情绪感受并给予支持。具体做法有：①引导当事人充分讲出这些日子以来的感受和身心反应，接纳其担心、恐惧、焦虑、无助、沮丧、失落等情绪；②理解各种反应的正常性及个人的独特性与个别差异，避免让当事人自责和自扣帽子，充分对其给予支持与鼓励；③注意当事人的信念，引导其重建理性认知；④给予准确的关于事件的信息（如火灾的有关状况、死亡情况等）；⑤进一步教导更有效的应对策略（如放松、呼吸、冥想、运动等）；⑥引导当事人讨论、觉察自己经历心理危机后的看法有哪些改变等。

在进行个别心理辅导时，要注意运用不同的形式，谈心是消防救援队伍经常性思想工作的一项卓有成效的制度，在解决消防救援人员的思想问题上发挥着重要的作用，可以把谈心结合个别心理辅导来做，通过这种形式解决危机中消防救援人员的心理问题；此外，要充分利用网络开展个别心理咨询。

团体辅导的形式更适合于消防救援队伍的特殊情况，在这里，结合战评进行特殊事故压力事后解说会是很好的办法。严重事件晤谈是心理干预的基本方式，它是以小组形式进行的一种有系统的分享集会，由受过专门训练的工作人员构成，在特殊事故发生后的24~72小时内举行。在消防救援人员心理干预工作中极为重要，其方法简便，效果明显，特别是在灭火和抢险救援之后要召开战评会进行战评总结时，可将心理干预工作结合战评会一道来做。在这个过程中，参加会议的消防救援人员在会上分享其在整个灭火和抢险救援工作之中的经历、感受和思想，他们亦会说出事后遇到的各种困难，而工作人员会帮助其去理解他们的反应，解释什么是正常的反应、什么是令人忧心的反应。在战评会开始之前，工作人员会派发一些问卷，调查人员精神状态。在战评会过程中，工作人员会观察消防救援人员中有多少人需要事后跟进辅导或是心理治疗。此外，在战评会上，工作人员还会介绍各类有关的支持和资源，确保消防救援人员即使在战评会后，如有进一步需要，也可以得到适合的帮助。

三、危机处理后的压力调适和充分的成长教育

对遭遇心理危机的消防救援人员而言，危机既是一场灾难，也是一次难得的成长机会。因为它激发人们通过自己的努力或他人的帮助以及队伍、社会的支持去寻求解决困

扰、恢复平衡的动力。危机使人认识到健康的重要性、学会关爱他人、体会人间的真情、懂得责任的价值、理解承担的分量、明白奉献的意义、清楚自身的使命。

在危机后期，随着危机心理状态的一点点消除，遭受危机的消防救援人员的心理逐步恢复平衡状态，在此期间，他们面对的最大问题是压力，这种心理压力来自以下三个方面。一是自己给自己的压力，认为自己遭受到的危机是可怕的经历，已经给自身造成了难以磨灭的创伤；二是集体的压力，有的集体对遭受危机的消防救援人员关心不够，个别消防救援人员甚至认为危机当事人已经不适合做某些工作，从而产生对他们的一些无形的歧视；三是重复面对火场应激情境的压力，担心自己再次遭受消防救援心理危机的折磨。因此，在危机后期，首要的问题是做好压力调适工作。要帮助引导这些经历危机的消防救援人员做好以下三点工作。

（一）正确认识，平和心态

引导遭受危机的消防救援人员认清此刻面临的压力问题，分析其根源，找到症结所在，增强战胜压力和困难的信心和决心，从而克服“心魔”，端正心态，以一颗平和心来面对工作和生活。

（二）身心互动，积极调养

通过合理营养、适当的文体娱乐活动等让躯体得到滋润、使精神得到松弛，令机体重新充满活力与生机。通过一些具有心理舒缓作用的体操来引导正在从危机中恢复的消防救援人员进行身心互动，积极进行身心调养。

（三）理解意义，寻求支持

理解经历危机前后生活、工作的意义，找出危机对于自身所具有的成长意义。向队友、领导、组织、家庭、社会等多方面寻求情感和精神上的支持，有助于迅速从压力中摆脱，从危机中恢复。从队伍角度来讲，要尽可能地关心这些遭受危机的消防救援人员，为他们创造一个能够提供全方位社会支持的环境。

危机后期包含着成长的巨大机会。消防救援心理危机干预强调在此期间对当事人施以必要而及时的成长教育，使其心理不仅仅是恢复到危机前水平，而是高于危机前水平，经由危机而得以强化身心的全面发展。成长教育主要是引导消防救援人员通过对危机的妥善处理提高个人的自主意识、自助能力，促进个体的成长和发展；目标是通过心理辅导教育使消防救援人员学习合理应对工作、学习、生活、交往中的各种变化，使之表现出与这些变化相一致的心理和行为；学会认识、评估、管理自己的情绪，在困难面前能积极发现个人与周围环境的有利因素，找到调整自己心理状态的有效方法，从而实现个体的顺利成长。正如马斯洛曾指出的，辅导的终极目的是协助个体发展成为一个健康、成熟而能够自我实现的人。成长教育可以采取集中培训、分散自学、拓展训练等多种方式，其内容主要包括以下五点。

1. 提升自我认识的能力

通过提升自我认识的能力使消防救援人员建立一个稳固、健康的自我意识，有一个正面的自我形象，尊重自己和他人，使其在充分了解自己的基础上，准确地感知自我、接纳自我、监控自我并完善自我。

2. 增强情绪管理能力

增强消防救援人员认识情绪的能力，使其能够主动体验情绪的发生、发展过程，从美好的情绪、情感中获得能量，客观看待工作、训练、生活中遇到的困难和问题，用积极的心态去面对困难和挫折，建立一种稳固的、积极的情绪感知模式。

3. 提高学习能力

通过心理辅导使消防救援人员乐于学习、学会学习，掌握科学的学习方法和先进的学习手段。

4. 建立良好的人际关系

引导消防救援人员学会处理与各种交往对象的关系，掌握与不同对象交往的规范，发展交往技能。

5. 培养健全人格

帮助消防救援人员正视自己的人格特质，养成优良的意志品质，使他们成为自尊自制、积极乐观、豁达开朗、有合作精神、有责任心、具有自我同一性的人。

习题

1. 如何正确认识心理危机？
2. 消防救援环境中通常可能发生哪些重大的心理危机事件？
3. 如何合理利用危机增强自身心理素质？

第十章　消防救援人员心理调控

消防救援人员心理调控是依据救援环境变化对心理反应的影响倾向和强度，运用心理学和思想政治工作的基本规律，抑制消极心理反应发生、发展和蔓延，使消防救援人员的心理活动始终处于正常反应状态的活动。从救援心理调控过程的实质上看，调控主要是消除和阻断导致消防救援人员产生消极火场心理反应的各个环节和途径，让调控对象与客观环境之间建立或达成一种内在的平衡关系，使调控对象能够主动积极地适应火场环境，正常发挥出应有的救援效能。

第一节　消防救援人员行动前心理调控

消防救援人员行动前心理是指消防救援人员从接到救援号令到救援行动发起之前这个时段人员产生的心理反应。实践证明，在救援行动前的这一阶段，消防救援人员情绪最不稳定，最易产生惧怕、悲观等消极心理。从整个过程来看，救援行动前的心理状态，将直接影响救援准备，从而影响救援行动的完成效果。

一、救援行动前易出现的消极反应

要做到有效调控消防救援人员行动前的消极心理，最大限度地发挥人员的主观能动性，首先必须了解人员行动前易出现的消极心理反应，做到心中有数，有的放矢。一般而言，行动前的消极心理反应有对救援行动缺乏信心，情绪低落，意志消沉；惊慌焦急，担心害怕；注意力分散，记忆力减弱，判断力迟钝，思维出现紊乱等。这些消极心理反应，可导致消防救援人员出现异常的、变态的行为。救援行动前易出现的消极反应主要有以下四个方面。

（一）紧张心理

消防救援人员在学习、训练、劳动、就餐、休息时，突然听到出动的警铃声，神经活动就会立即紧张，外部表情呈现出严肃的神态。这种心理紧张多是因为不知道救援地点、救援性质、现场情况、有无人员受到围困而产生的。这种紧张，在主要救援人员、班长、指挥员，尤其是新消防员中表现得尤为明显。适度的紧张心理是一种积极的行动准备状态，能促使机体激活相应反应机制、唤起体内整体防御能力、动员和激发消防救援人员的救援情绪，有效完成救援任务。但过度的紧张会降低人员的感知水平，引发注意力分散、转移、狭窄、增强或减弱等障碍，在行为表现上，消防救援人员会不自觉地攥拳、脸红或脸白、呼吸急促、心跳加快、表情严肃、身体不自觉前倾等，从而造成在后续救援行动中不能准确了解救援现场的情况，战术意识减弱、指挥决策失当等情况，甚至会引发人身伤害。

（二）恐惧心理

恐惧是人的本能，恐惧心理状态有积极和消极之分，必要的恐惧能提高消防救援人员的注意力，在救援时能够谨慎小心，避免因鲁莽而造成不必要的伤亡。而消极的恐惧则会造成人员意识能力下降，思维分散，意志水平降低，不能较好地做好救援行动准备，需引起关注。当消防救援人员产生恐惧心理后，会引起自主神经系统的变化，主要表现为交感神经系统的亢进，如心率加速，血压上升，胃肠活动抑制，出汗，竖毛，瞳孔散大，血糖升高，呼吸加速。突然的惊惧甚至会导致呼吸暂时中断，外周血管收缩，脸色变白，出冷汗，口干等情况。

（三）盲目乐观心理

盲目乐观心理是消防救援人员因对救援行动估计不足而产生的麻痹、松弛等不良临战心理状态。在接到出警命令后，消防救援人员在紧张状态下出动奔赴救援现场的过程中，当了解到救援行动比较简单，自认为对救援行动比较熟悉，心理紧张状态就会松弛下来，从而造成消防救援人员行动应激水平偏低。研究表明，对危险的察觉可以刺激内分泌系统的肾上腺分泌肾上腺素，唤醒机体，这一唤醒可以有正性和负性的影响。人处于中度应激的“理想化”水平时，动机和功能唤起最佳，而盲目乐观是一种危险的临战心理准备状态，它不能有效地唤起消防救援人员的身体机能状态，而是容易使其产生麻痹、松弛、过于放松等心态，从而影响救援任务的顺利完成。

（四）厌战心理

厌战心理是消防救援人员对于救援行动所产生的厌倦、排斥的心理体验，表现消防救援人员为对所从事的救援行动活动缺乏“动力”和“激情”，对救援行动准备活动不感兴趣，经常以旁观者的状态处于准备活动之中，消极怠慢，情绪低落，对消防职业不满意，不愿意参与救援行动，出工不出力，听到出动警铃声就没了精神等。

二、救援行动前消极心理产生的原因

消防救援人员行动前消极心理反应的生成，既有其作为自然界的生物实体的生理变化机制因素，也有其所从事的社会活动的属性和所处的环境条件的制约。

（一）救援行动的对抗性与生物机体的保全性是消防救援人员行动前消极心理产生的基本原因

灾害事故是一种违反人的意愿，在时间和空间上失去控制并且带来伤害的现象。灾害事故的这种属性决定了救援行动的基本特征——对抗性。换句话说，救援行动是消防救援人员为争夺主动、争夺胜利而拼搏的一种活动，所有活动的目的都是要战胜各类灾害事故。同时，消防救援人员自身作为救援活动的实施者，时刻处于各种危险因素的包围之中，随时都有流血和牺牲的可能。这种生与死的对抗性是救援行动本身固有的属性，它规定了消防救援人员必须始终处于高度紧张的情绪状态之中，才能顺利达到救援要求。

生物机体的保全性是指消防救援人员在进行救援行动时，其自身的生理活动自觉不自觉地指向对自身安全构成威胁的方向和事物，在危险时刻积极采取各种防御行为来避免自己受到伤害。这种反应是一种生物本能性的反应，是生物在自然界长期进化过程中所建立起来的一种积极适应环境、求得生存的内部生理机制。

因此，救援行动中的对抗性和生物机体的保全性的矛盾是救援人员行动前消极心理产生的基本原因。

（二）救援行动的急剧性是消防救援人员产生行动前消极心理的重要原因

灾害事故造成的损失与其发生时间的长短呈正比，在最短的时间内，以最快的速度、最小的消耗，采取准确迅速的救援行动和有效的措施将损失控制到最低是消防救援行动应追求的目的。以城市普通建筑火灾扑救为例，其发生发展过程有着非常明显的阶段性，一般要经过初起、发展、猛烈、衰弱和熄灭五个阶段。根据我国 15 min 消防的规定，消防救援人员应力争把火势控制在着火后 15 min 左右的时间范围内。这 15 min 消防的意义包括：发现起火 4 min，电话报警 2 min30 s，接警出动 1 min，途中行驶 4 min和救援展开 3 min30 s。在一般情况下，城市消防救援队到达火场时，面对的是已经燃烧了 15 min 左右的火势。面对这样的要求，消防救援人员必须做到接警准、出动快，选择最佳行车路线，迅速展开救援行动，这无疑对消防救援人员的心理素质提出了更高的要求。

（三）消防救援人员自身存在的缺憾是消极心理产生的主观因素

唯物辩证法认为，“外因是变化的条件，内因是变化的根据，外因通过内因起作用。”外部环境、外部刺激固然是消极心理产生的重要原因，但这些因素要发挥作用，仍然要借助于消防救援人员的主观因素。消防救援人员的主观因素总体上是好的，但是也有不足之处。正是这些不足，为消极心理的产生提供了可能性。

一是队员素质可能存在“先天不足”。人员在知识结构、道德结构、心理素质等方面可能存在的缺憾为消极心理的产生埋下了隐患。二是消防救援人员缺乏实际行动经验，对救援行动境况估计不足，缺少必要的心理适应与心理准备。这一点在新消防员身上表现得尤为明显。三是消防救援人员的后顾之忧加重了他们的心理负担，并催化了消极心理的产生。随着各种利益关系的调整，消防救援人员个人、家庭等一些实际问题日益突出，这些问题和困难容易造成消防救援人员的情绪波动，同时也是其产生消极心理的重要原因。

综上所述，正视消防救援人员行动前消极心理反应产生的主观因素，是保证调控有效性的基础。因此，要认真地研究分析，有针对性地做好消防救援人员救援行动前心理调控。

三、救援行动前心理调控的着力点

救援行动前心理调控的目的是通过教育训练等多种方法、手段，提高消防救援人员的心理素质和心理准备程度，保持积极的心理反应，调节和控制消极的心理反应，使其以高昂的士气投入到救援行动中。针对救援行动前的实际情况和行动前消极心理产生的根源，行动前心理调控应把着力点放在调控人员的认知过程上。

（一）围绕树立敢打必胜的信念组织安排心理调控

实践证明，消防装备落后并不可怕，可怕的是面对灾害事故而失去救援的勇气和必胜的信念。信念在消防救援人员个体上的表现，就是对救援行动有着极为深刻而牢固的理解，并在任何情况下都能自觉自愿地加以捍卫。这种信念，既是审度救援行动、判断是非的标准，也是行为准则和行为评价的依据。同时，信念也是群体活动的心理前提，任何有效的群体活动必须有其共同的心理基础，任何组织要保持行动一致，就必须有共同的精神支柱，这里的基础与支柱就是信念。因此，救援行动前心理调控的设置，必须围绕树立敢打必胜的信念来组织安排，只有使敢打必胜的信念真正根植于每一位消防救援人员的头脑中，才能保证每一名消防救援人员在救援行动中充分发挥主观能动性，凝聚一体，形成合力，实现救援行动的顺利完成。

（二）围绕培养坚韧不拔的意志组织安排心理调控

心理学认为，意志是指个体在活动中自觉地确立目标并支配、调节自己的行为，克服各种困难，以实现预定目的的心理过程。意志最明显的特点就是与困难相伴而生，无困难也就无意志可言。现代救援较之以前更加突然、危险、残酷，要想赢得救援行动的胜利，就必须克服和战胜各种艰难险阻，甚至牺牲自己的生命。因此，消防救援人员在从事这一活动的过程中，其所有的行为都需要有意志的支配和调节才能完成。如果失去了意志，其活动就会中断，取得救援任务胜利的目标也就无从谈起。

（三）围绕满足爱国奉献的需要组织安排心理调控

行为学研究表明，不管人的行为产生的原因多么复杂，归根结底都是由需要引起的。因此，需要是人行为产生的“内驱力”，并作为个性倾向性的重要组成部分而成为个性积极性的原动力。

人作为生物性和社会性的统一体，其需要是多种多样且多层次的，有自然、社会、物质、精神、个体、整体等多种需要。这些需要是同时并存、相互联系的。低级层次的自然、物质等需要，是作为生物体的人与生俱来的天然、本能的需要，而高级层次的社会、精神等需要，是作为社会成员的人经过后天的培养、锻炼才具备的。消防救援人员的爱国奉献需要是一种高层次的社会需要，它需要经过后天的培养和引导才能建立起来，尤其是在救援行动期间，在个体生存这种本能需要极为强烈的条件下，要千方百计地调控人员的爱国奉献需要，使其始终居于优势支配地位，才能有效地制约和调节其他需要，才能使每一位消防救援人员在救援过程中表现出大无畏的气概，才能在救援中充分发挥主观能动性和创造性。同时，在保证消防救援人员爱国奉献这种高层次社会需要的同时，也不能忽视其他层次的需要。因此，救援行动前的心理调控，除应注重满足精神方面、社会性方面的需要外，还要注重满足消防救援人员在物质方面、生理方面的正当需要，为爱国奉献这种高层次的、社会性的需要始终保持优势支配地位提供条件和保障，如公布奖励政策、优抚政策，提高福利待遇等。

（四）围绕提高消防救援人员对灾害事故现场的身心适应能力组织安排调控

救援行动环境，是指救援行动现场及其周围环境对救援行动有影响的各种情况和条件，主要包括救援类型及其周围环境、气象条件和水源条件、后勤保障等。所谓身心适应，是指个体的体能和心理达到与环境要求相一致的程度。

首先，救援行动是在一定的自然环境中进行的，对自然环境的适应将是消防救援人员最先遇到的。自然环境包括大气温度、气压、湿度、风力、风向、雨、雪、云、雾、雷电等情况的变化。消防救援人员对自然环境的适应程度，直接关系到救援行动的顺利与否。其次，救援行动所造成的环境特点，需要消防救援人员具备相应的身心适应能力。现代救援行动对消防救援人员的身心提出了很高的要求。灾害事故的发生、发展既有必然性的因素，也有偶然性的因素，必然性因素和偶然性因素交织于救援现场，从而使救援行动样式更为灵活，转换更加迅速。消防救援人员如果没有优良的心理品质，是无法适应这种救援节奏的。消防救援人员必须时刻处于高度紧张状态，时刻做好救援准备，而这必然会给消防救援人员的身心带来巨大的压力。救援现场的惨烈性，需要消防救援人员具有极强的身心负荷力，因此救援行动前的心理调控工作需要认真收集救援现场相关信息，分析可能对消防救援人员身心造成的损伤，以提高心理调控的针对性。

第二节　消防救援人员行动中心理调控

消防救援行动中，是指从救援行动开始到结束的这段时间。这个时段是消极心理反应的高发期，消防救援人员心理失衡的程度也较行动前表现得严重，这个时段也是整个救援行动中最紧张、最激烈、最艰苦、最残酷的时段。正是这些特点，决定了消防救援人员在这一过程中承受的心理压力最大，心理体验最为深刻，其承受到的心理干扰因素也最多，心理上表现出来的应激性、波动性、敏感性和保全性也更为强烈。此时，消防救援人员对心理调控的需求最为迫切，亦是消防救援人员进行心理调控的最佳时期。

一、救援行动中易出现的消极心理

灾害事故形势复杂多变，且不以消防救援人员的意志为转移。救援过程的复杂性、不可预测性，很容易使消防救援人员产生心理障碍，出现心理准备不足，直至产生消极心理，从而影响救援行动的成效。一般而言，消防救援人员在救援行动中，容易出现如下五个消极心理反应。

（一）心理疲劳

心理疲劳或者说疲乏，是指消防救援人员心力交瘁的主观体验，是其在救援过程中所产生的一种身心性的复合体验。心理疲劳的特征是周身感到疲软、无力、四肢沉重、心情不畅、不愿说话、眼肌疲劳、视力迟钝、头痛脑重、眩晕恶心及腰酸背痛。由于全身感到不舒服，导致消防救援人员知、情、意等心理过程失调，对各种刺激反应迟钝，对于所从事的活动失去兴趣，想中止活动的动机占据上风，情绪反应趋于消极。

（二）焦虑反应

焦虑反应，是指消防救援人员在救援行动中处于无法确定的危险情境时，所表现出来的无能为力的苦恼、焦急、忧虑等情绪状态。产生这种消极心理反应的消防救援人员，不能把主要精力放在如何采取积极主动的防御对策、如何防止或者避免危险情境等方面上，而是借助于已有的知识、经验，进行“丰富”的想象。这种想象的实质是，消防救援人员在主观探究的过程中夸大所处外部环境的危险性和威胁性，使自己完全“沉浸”在这种具体的“环境”之中而丧失了抗御的信心，失去了抵御的能力。同时，消防救援人员还伴有躯体症状，如自主神经亢进、浑身软弱无力、心动过速、呼吸加快、口干、失眠、头晕、大小便次数增加等。重者对火场上各种事物表现出惊恐万分，似乎死亡迫近，出现心悸、呼吸困难、胸闷、胸痛、四肢发麻、出汗、发抖等症状，以致无法进行正常工作。

（三）恐惧反应

恐惧反应，是指消防救援人员面对火场环境的具体情境，如尸体、血液、烟雾、爆炸等时所产生的一种不适当的体验。当面临的困难超出消防救援人员的知识、经验所能处理的范围或突发的变故超过其心理承受能力极限时，就会产生恐惧心理。恐惧会使消防救援人员知觉迟钝、肌肉紧张、手脚发软，失去应有的思维能力和行动能力。恐惧还具有传染性和延续性，一方面，会传导给周围的人群，形成一种恐怖的氛围；另一方面，在此后相当长的时间内都会对当事人的内心产生巨大的阴影。

（四）反应性心理失衡

反应性心理失衡，是指消防救援人员在救援过程中，由于火场环境的强烈变化所造成的巨大刺激，致使其精神过度紧张、身体过度疲劳和机体生物能量极度的消耗，导致其感知、记忆、情感、意志、行为等心理活动与现实的环境之间的关系严重失调，促使其心理活动处于无法正确反映火场现实的紊乱状态之中。若消防救援人员的这种消极心理反应一旦发作起来，既不能正常地参与救援、处理火场上的各种关系，也不能解决自己的吃、喝、拉、撒、睡等日常问题，甚至给整个救援行动造成危害。

（五）应激障碍

应激障碍，是指消防救援人员在救援过程中，面对应激源，运用通常应对应激的方法或机制仍不能处理当前所遇到的外部或内部应激所出现的一种心理失衡状态。救援行动中的惨烈场景、复杂险情、剧烈燃烧等都存在许多应激源，极易引发消防救援人员火场心理应激障碍，从而出现消沉、失望、抑郁、沮丧等情绪反应或产生习得性无助和行为方面的异常反应，严重者还会出现创伤后应激障碍。

二、救援行动中消极心理产生的原因

在救援行动中，消防救援人员对救援行动中所出现的各种刺激在心理层面上的回应，与刺激源的刺激量、刺激强度、刺激时长、刺激方式等特点直接相关。适当的心理应激能够使人员处于“警觉”或“准备救援”状态，促进能量释放，提高救援效能，但若超出限度，必将引发机体各种能量的衰竭。综合各方面因素，主要有以下两点导致救援行动中消防救援人员消极心理反应的产生。

（一）情景刺激是造成消防救援人员消极心理的直接原因

高强度的救援现场情景刺激，迫使消防救援人员的心理反应总是处于长期、过度的应激状态之中，进而导致其消极心理的产生。根据有关实验和资料介绍，火灾及其他类灾害事故的共同情景刺激主要有以下五个方面。

1. 噪声

噪声如车声、喊话声、作业声等。噪声会使人的生理机能发生变化，产生听觉障碍，造成心理疲劳，烦躁和易怒等。噪声直接影响消防救援人员的救援能力，如听力下降，情绪反常，对上级命令理解不完整、不准确，解决问题时智力迟钝，容易出现差错等。

2. 登高

根据我国某些省市对消防救援人员登高测试的结果显示，登高作业对救援人员的心率、呼吸有直接影响，容易造成心理恐慌。随着攀登高度的增加，超出人的生理极限，消防救援人员就会从心理上产生紧张和厌倦情绪，抑制其行为活动范围，失去救援能力。

3. 突发险情

遇到爆炸、倒塌、中毒等危险情况，心理就会高度紧张，束手无策或者盲目退却；另外对某些危险情况有所预料，但从心理上会害怕，犹豫不决，不能准确把握行动时机，一旦发生险情，情绪就会更加紧张，以致产生错误的判断。

4. 装备因素

个人装备可以增强消防救援人员的心理安全稳定感，同时也会对其生理和心理带来一些负面作用。一是“湿热效应”的不良反应，会使消防救援人员心理不稳定、烦躁。二是个人携带装备重量的递增。携带的装备若超过消防救援人员体重的30%以上，就会使其心理产生不堪重负的抵触情绪，直接影响救援行动和灭火效果。

5. 群体行为

当个体在群体中同多数成员的意见不一致时，就会感到一种心理上的压力，即群体压力。这种压力容易使个体发生个人行为，如不听指挥，擅自蛮干等，导致互相间不能有效地支持和配合，从而影响整体救援行动。

（二）情境变化的迅速性是消防救援人员消极心理反应的主要原因

1. 情绪的大起大落

灾害事故具有多变性的特点，其多变性包含两个方面。一是指每类灾害事故的形成和发展过程都各不相同。二是指灾情在发展过程中瞬息万变，不易掌握。在灾情突变、救援受挫的情况下，会使消防救援人员被动感受特别深刻，进而使其心理处于焦虑、烦躁、压抑等消极状态。主动与被动之间所带来的巨大心理反差，使消防救援人员情绪体验大起大落，波动十分剧烈。消防救援人员自身的生理机制无法对这种变化迅速的救援态势实施“快反”，进而引发消极的火场心理反应。

2. 身心能量的消耗与枯竭

救援时机具有瞬时性的特点。救援时机瞬时性是指救援行动中，为了竭力保护人民生命财产安全，要求所有的救援行动环节都要体现一个“快”字。同时，还要在这些阶段做到情况掌握准确，判断预测无误，战术选择正确。救援行动中的“快”，造成了消防救援人员的生活情景变化迅速、节奏加快，其身心方面的必要需求与调节得不到满足，如睡眠不足、饮食没有规律、生理负荷与心理负荷超重等，还造成了消防救援人员的身心极度疲惫，其生理机能和心理机能正常运作受到严重制约，消极心理也就在这种情况下产生了。

3. 消极心理反应的激增

环境是救援行动的载体，也是制约、影响救援的重要因素。主要包括灾害事故类型及周围环境、气象条件、交通条件等。它不仅会制约救援行动规模和救援力量的发挥，还会影响消防救援人员的持续救援能力；风力风向、大雨、风雪和冰冻等气象条件也会对救援行动产生重要影响，在北方寒冷地区，冬天夜间气温达-30 ℃，消防救援人员在救援行动中容易被冻伤从而造成非战斗减员；而水源的不足则会严重制约其救援行动的效能。

现代灾害事故的环境较以往更为复杂，如灾害事故类型增多，灾害事故规模增大、灾害事故偶发性增加等。有的环境表面上看没有危险迹象，但却危机四伏，如有的可燃气体泄漏，无色无味，很难察觉，一旦遇火就会发生强烈爆炸，造成人员伤亡。还有一些化学物品、有毒物质，虽然毒性不高，但却能造成严重的后遗症。在实际活动的过程中，个体所感受到的心理压力是十分巨大的，而当这种压力得不到及时缓解时，必将超过其有限的心理承受能力，导致消极心理产生。

三、救援行动中心理调控的着力点

救援行动中与行动前、行动后的特点各不相同，引起消防救援人员产生消极心理反应的原因也就不相同。在这个时段的心理调控的着力点也与行动前、行动后有所区别。

（一）着力激发消防救援人员的救援士气

士气是指消防救援队伍的救援意志和斗争精神的统称，是消防救援队伍精神力量的外在表现和救援能力的重要因素。换言之，士气是救援个体和救援集体的行为意向、救援情绪和意志的综合体现，是消防救援人员精神力量的主要内容，是救援能力的重要因素。因此，面对现代灾害事故的突发性、瞬时性、多变性，要想顺利完成救援行动任务，就要把调控消防救援人员的救援士气作为救援行动中心理调控的着力点。

一是救援士气作为救援集体整个精神面貌和心理活动特点、品质在救援过程的集体体现，大多以潜隐的方式孕育在救援集体之中，是一种看不见摸不着，无法对其进行具体衡量和描述的一种“场”。二是救援士气作为救援集体对救援任务所持有的积极心理状态或集体所形成的心理环境，对所有救援人员极具感染性。一方面，救援士气是集体救援意志和救援精神的体现；另一方面，从众心理作为参与救援的个体的个性心理特征，是其进行社会适应和社会认知的最重要机制之一，也是个体不愿意遭到社会否定与制裁的一种防卫反应。从救援行动的过程上看，具有消极心理反应的消防救援人员只是整个集体中的极少数人，绝大多数都能在救援行动中表现出英勇顽强的救援作风和一往无前的英勇气概，从而为形成积极的心理反应和良好的心理环境奠定基础。

（二）努力提高消防救援人员的救援热情

救援热情是指消防救援人员在救援行动中所表现出来的一种强烈、稳定而深厚的情感体验。它是消防救援人员在救援行动中勇于救援、迫切施救的内部动力之一。它能够掌握消防救援人员的身心，决定人员的思想与行为的基本方向，对消防救援人员在救援过程中的行为起着调节作用。消防救援人员热情的高低，不仅决定着消防救援人员在救援行动中的行为表现，还决定着其救援行动效能。普鲁士军事理论和军事历史学家克劳塞维茨在《战争论》中曾指出，在酣战中，战斗热情是生命的真正呼吸，它鼓舞着人们的肉体，振奋着人们的精神。

救援热情作为消防救援人员激情的一种具体表现形态，其本身具有冲动性、强烈性和短暂性的特点。一方面，救援行动过程的最大特点就是突发性、救援准备时间短、救援进程与节奏快。这就需要消防救援人员能在极短时间内调动体内所有潜能，去应对突然发生的变化。激情具备引发消防救援人员内部潜能产生“快反力”与“爆发力”的功能。并且，潜能所激发出的行为特点与救援过程的特点协调一致。另一方面，消防救援人员在以“快”著称的救援行动中，没有时间和精力去仔细分析、判断、体悟、内化调控信息。这一特点就要求行动中心理调控应围绕激发消防救援人员的救援热情来进行，这样才能取得事半功倍的效果。

第三节　消防救援人员行动后心理调控

救援行动后，主要是指救援行动结束到接到下次救援号令之前这个时段。此时的心理调控主要是针对救援行动结束后消防救援人员所滋长的消极心理反应而进行的调节控制活动。实践表明，行动后心理调控的地位作用不亚于行动中与行动前。能否做好该时段的心理调控，既直接影响到个体的心理健康与和谐，也影响到消防救援队伍的凝聚力与行动力，更关系到消防救援人员能否顺利完成下一次救援任务并赢得救援胜利的问题。

一、救援行动后易出现的消极心理反应

针对救援行动后时空环境的特点和消防救援人员的主要任务等实际情况，结合工作实践，消防救援人员易产生的消极心理反应主要有以下四种。

（一）居功自傲的放纵心理

对取得救援行动胜利的消防救援人员而言，最易产生的消极心理就是居功自傲、自以为是的放纵心理。心理学认为，放纵心理是指在外界环境的各种约束弱化或者自认为“消失”的情况下，主体身心产生出来的一种解除心理戒备，致使整个身心处于极度放松的情绪体验状态，并伴有为所欲为的行为举止。具体表现在以下三个方面：一是言行举止容易失去规范。救援行动胜利结束，无论是基层消防员还是后勤、管理人员，都有松一口气的感觉。可能在一段时间内，行为松懈，思想麻痹，出现什么都敢说、什么都敢做的现象。二是情绪状态失去控制。一些消防救援人员回到队伍后，在处理生活、工作事务时，情绪不稳定，特别容易“激动”，往往会因为一点不起眼的小事而“火冒三丈”“大喊大叫”。三是随心所欲、为所欲为，不计较自己的行为后果。少数消防救援人员易以“功臣”“英雄”自居，认为自己为了保卫人民的生命财产而出生入死，所以不必受社会规范和法律的约束，致使个别消防救援人员的行为触犯了国家的法律。

（二）争功夺奖的补偿心理

在消防救援人员完成救援任务转入到总结工作时，还易出现的一种消极心理现象就是争功夺奖的补偿心理。虽然这种消极心理反应只是发生在部分人员身上，但这一心理却是救援行动后一种较为严重的消极心理现象，如不加以及时地调节与控制，就会影响整个救援行动后的总结工作，并使总结目的发生扭曲，产生离心离德、人心涣散、销蚀士气等后果。这种心理反应既不利于消防救援队伍的长期发展和建设，也不利于内外部的团结和凝聚力的提高，更不利于救援士气的培养和个人的成长进步，并直接影响下次救援行动的顺利实施和救援任务的圆满完成。

（三）悲观失望的怨恨心理

怨恨心理是指某些消防救援人员或单位因对总结阶段中的一些评比结果自认为不公而产生的一种强烈不满和仇视的情绪体验。从实践中看，这种消极心理反应的具体表现可分为以下四种。一是不信任自己所在单位的领导与同志，认为自己没有得到“公正”的评价，对自己的事业、前途和生活有失去动力的“想法”。二是对事业、前途和生活失去信心，在救援行动中负伤致残的消防救援人员表现最为突出。他们对自己“今后该怎么办”想得最多，其悲观情绪最为严重。三是对所在单位抱有敌对情绪。具有这种情绪反应的消防救援人员喜欢找人发牢骚，讲怪话。人越多，牢骚越多，怪话也越多。四是心情烦躁，坐立不安，总感觉内心深处闷着“一股气”没有吐出，总想寻找一个机会，能够“不管天不管地”地发发脾气、要要态度。尽管上述消极心理反应及消极行为表现只发生在个别人身上，但若不及时疏导、调节，则会给队伍建设带来不良后果。

（四）回忆反思中的后怕心理

当消防救援人员在救援行动之后把自己行动中所感知、经历过的危险情景重现出来时，其所产生和表现出来的惊骇情绪，就是回忆反思中的后怕心理。这种心理反应将会严重制约消防救援人员的行为表现，突出反映为以下三点。一是暗自庆幸自己“大难不死”，当下应当好好地享受一下人生。二是特别喜欢谈论异性，千方百计地寻找与异性接触的机会，到处与异性拉关系、套近乎，企图从这种相互交往中寻求一种不正当的“补偿”，甚至做出越轨行为。三是对所有涉及下一次救援准备工作的活动不积极，想尽一切办法调离或者退出所在队伍等。对这种消极的后怕心理反应行为如不加以调控，会迅速传染给其他人员，从而影响其他人员的救援热情，导致单位形成“及时行乐”“今朝有酒今朝醉”的不良风气。

二、救援行动后消极心理产生的原因

（一）环境的更换是促成消极心理反应的客观原因

救援行动结束后，消防救援人员活动环境的更换主要为自然环境条件和人为的社会环境条件。这二者间的更换使消防救援人员心理反应的刺激源发生变化。而刺激源的变化必然促使消防救援人员的心理反应出现差异，差异的大小取决于刺激源变化的程度。

1. 消防救援前后环境的强烈反差

救援行动现场危险因素丛生，每一次救援行动都是在与时间赛跑。危险性与紧迫性会让消防救援人员出现心率、血压等生理上的一系列变化，伴随出现紧张、压抑、焦虑、烦躁等心理状态。救援行动结束后，熟悉的营区与人员会让消防救援人员心情放松。两种环境的对比所形成的反差，会使消防救援人员身心产生一种轻松、欣喜若狂和兴奋的感受。缺乏正确的引导，就可能导致其产生放纵等消极心理反应，出现言行举止放肆的现象。

2. 社会要求和救援集体各种约束的弱化

一方面，随着救援行动的结束，其固有的对抗性“消失了”，对消防救援人员而言，与对抗性特点相关的各种言行要求和束缚也就随着该特点的“消失”而自行弱化或者“消失了”。威胁和伤害消防救援人员的刺激源也已随着救援行动的结束而构不成威胁或者不复存在，致使消防救援人员在救援过程中所形成的紧张压抑情绪在这种情景下自动地“松绑”。加之救援行动胜利后的消防救援人员看到的是人民群众投射过来的崇敬目光，听到的是赞美颂扬的话语，在这样一个环境氛围中，消防救援人员心理和言行举止必将失去原有的状态，“飘飘然”的感觉油然而生，“居功自傲”“为所欲为”等消极心理反应就会随之出现。

（二）心理状态错位是产生消极心理反应的主观因素

心理学上所说的“心理状态”是指消防救援人员在一定时间内心理活动的综合表现。消防救援人员回到营区，摆脱了救援时段所具有的紧张、危险、恐惧等心理状态，立即进入到轻松、祥和、安全的环境中，这种前后环境对比所形成的巨大差异，极易引发消防救援人员的心理活动与心理过程出现“障碍”，从而使其心理状态发生错位，产生消极心理反应。

1. 认知上的错位

消防救援人员在救援行动前后的对比过程中，出现行动后“自我优越感”过于强烈，处处以“功臣”自居，事事要特殊照顾。在这种感受的支配下，其在认知各种事物的过程之中，会带上偏激的色彩，即人们常说的拿特殊当一般，拿自己的长处与别人的短处比较。这样一比，必然会产生骄傲、自满的心理感受和自我欣赏、目中无人的行为举止。

2. 偏见

消防救援人员评判和衡量事物的标准出现错位，致使“吃亏”的情感体验加深，引发补偿、悲观等消极心理。救援行动结束后，消防救援人员会进行救援前后对比，会将自己与队友相比，与地方同龄人相比，感觉失去的“东西”太多，得到的“东西”太少，从而产生千方百计“补回来”的心理意向。

3. 价值取向的多元性与行为方式的多样化

新消防员入队之前的职业和经历具有多样化的特点，有在家务过农的、有在工厂做过工的、有外出打过工的、有走出校门刚毕业的、有从部队复员的，也有长期无事做在家待业的等。从家庭条件来看，贫富差距很大。这些不同职业背景、不同阅历的消防救援人员，在市场经济这样一个大的环境氛围的熏陶下，其价值观念与行为方式极具个性特征，尤其是其对自身的价值取向和行为方式选择方面更具有浓厚的“市场气息”与“经济味道”，从而出现评判标准的错位，引发心理上的失衡。

（三）工作缺陷和社会保障的不足是消极心理产生的重要诱因

救援行动尽管在表现形式上带有局部性特点，但该活动的运作却表现出“牵一发而动全身”的特征，需要整个社会系统、各个部门的全力支持才能顺利正常地运转。这样一来，它对社会、对消防救援队伍各个部门所提出的要求就特别高。社会各领域、各部门在完成这个要求的复杂过程中，难免会出现一些差错与缺陷。而这些差错与缺陷，往往是诱发消防救援人员行动后消极心理产生的主要原因。

1. 消防救援中的后勤保障出现问题

物资供应短缺，装备补充、转送不及时，对消防救援人员负伤等问题关注、关心不够，使可以或可能避免的伤残没有得到避免等现象的产生，造成了非战斗减员和不必要的伤亡损失。救援行动结束后，消防救援人员所面对的主要矛盾已不再是生与死，加之消防救援人员之间相互交流与沟通的机会越来越多，在这种信息传递与碰撞的过程中，后怕和埋怨等情绪就会自然而然地产生。

2. 总结、调查工作的片面性

总结、调查工作的片面性导致评功评奖、提职晋升等不客观、不公正。虽然这种情况在总结中极少出现，但是对消防救援人员的情绪影响和心理打击却十分巨大，会导致消防救援人员争功夺奖、相互攀比等消极心理反应和消极行为的发生。

3. 社会保障方面的不足

一方面，市场经济的负面影响导致社会人员的价值取向多元化，少数人对消防职业持消极态度，消防救援队伍中少数个体的某些行为也损害了消防职业的良好形象。另一方面，个别地方政府部门对退出队伍的消防救援人员安排不到位，优抚政策不落实，尤其是伤病残人员的就业、住房、家庭、婚恋等方面政策规定的照顾和关心不够。

三、救援行动后心理调控的着力点

救援行动后心理调控的着力点的选取，既着眼于消防救援人员救援行动后消极心理产生的原因，也要关注消防救援人员当前所承担的主要任务和所处的时空条件。

（一）围绕改变消防救援人员的态度组织实施心理调控

随着消防救援人员行动后任务、生活环境等方面的改变，必然导致其需求指向性发生迁移。需求指向性迁移是指人们的需求由对原来某种具体事物指向转为指向另外某种具体事物。根据经验，消防救援人员在救援行动后需求指向性变化具体表现在以下三个方面。

1. 自然需求转向社会需求

救援行动后，消防救援人员的心理需求优势中心已迁移到社会需求方面。救援行动后的环境条件已经充分地满足了消防救援人员的自然需求，在这个基础上，消防救援人员的心理需求由原来指向自然方面的需求转化为指向社会方面的需求，社会认同的方式、程度、范围等方面因素，将直接制约消防救援人员在救援行动后的心理反应，积极做好社会各领域对消防救援人员的认同工作，就应成为救援行动后火场心理调控的一个重要环节。

2. 整体需求转向个体需求

救援行动后，消防救援人员面临的直接工作是总结，从一定程度上讲，实施这项工作过程的本身就具有关注个体需求的性质，自然而然地刺激或引导消防救援人员将自己的需求指向个体方面，如立功、授奖、入党、提干、考学等。在进行这项工作的过程中，个体离开整体其生存不再受任何影响，没有整体的协助也不会受到什么威胁。这样一来，消防救援人员在救援行动后的需求指向也就从救援行动中的整体需求转向个体发展方面的需求。

3. 物质需求转向精神需求

救援行动后，消防救援人员所从事的工作性质发生了巨大的变化，即由救援过程中的生死考验转变为队伍内部的评比总结。这种评比的实质就是一种社会性的、精神方面的肯定与否定，每个人在从事这项活动中，其心理需求的指向必然随着活动性质的变化而指向精神方面。

消防救援人员上述需求指向性的变化是由所处的环境与所从事的事物活动性质决定的，完全在情理之中。要想调控消防救援人员需求指向性，使之向着正确的方向发展，关键在于使消防救援人员能够正确地对待和处理好个人需求与社会需求、物质需求与精神需求、主观需求与实际可能的关系。如何对待与处理这些关系，其根本点在于调控好消防救援人员的态度。态度在个体心理倾向性的整体之中是居于支配地位的，它的存在状况如何，决定着其他部分的状态。正因如此，人的心理本质表现为社会性而非生物性。因此，救援行动后心理调控的组织实施，应当围绕如何改变或者树立消防救援人员的态度这一核心来进行。

（二）围绕改变消防救援人员的集体心理气氛组织实施心理调控

理论研究与实践证明，改变消防救援人员所在单位的集体心理气氛是影响或改变个体认知的最佳渠道。集体心理气氛是指消防救援人员能够感受到的、具有一定影响意义的精神面貌或者景象。这种集体心理气氛作为消防救援人员救援行动后的一种生活环境，既为所有消防救援人员所反映，又是所有消防救援人员共同活动创造的结果。利用消防救援人员所在单位所具有的、健康的、积极向上的集体心理气氛去改变个体的不正确的认知。一方面，救援行动后具备形成无私奉献的集体心理气氛；另一方面，好的集体心理气氛一经形成，就会产生一种潜移默化的力量，甚至成为一种无声的命令，影响和改变着所有消防救援人员的认知，从而影响和改变个体的态度和行为。这种影响与改变，主要是消防救援人员在集体生活的相互接触过程中，通过暗示、模仿、感染、顺应等机制实现。

（三）围绕民主参与的方式方法组织实施心理调控

救援行动后，消极火场心理产生的重要原因之一是对总结过程和总结结果的不满意。运用民主参与的方式方法组织实施调控，是一种自我调控与他人调控相互结合的最好方式，它对于消除救援行动后消极火场心理具有极好的效果。

一是运用民主的方式讨论、评议、决定总结结果，可以保证每一个消防救援人员对总结过程及总结结果公正性、客观性、真实性不产生怀疑，清除个体的主观臆断和片面认知的根源。总结是对前一段救援行动的总结与评述。对这个活动过程中的功过评述，最有发言权、最具权威性的就是亲身经历过救援行动的当事人——消防救援人员。让广大消防救援人员参与总结的整个过程，可以保证总结过程和结果具有公正性和客观真实性，可以避免因某些组织者的主观片面性给消防救援人员的心理带来不良影响。二是以民主的方式使所有救援人员参与整个总结过程，可以有效激发其责任感，使之真正地感到自己在政治上的平等和在队伍建设中的主人翁地位。同时，又可以把总结过程变成统一思想认识的过程，有效地解释在总结结果方面所存在的疑惑、疑问、疑虑，使总结真正地达到凝聚人心、提高士气的目的。采用民主的方式使所有消防救援人员参与整个总结过程，是消防救援人员文化程度提高和民主意识增强的客观要求，符合当代消防救援的特点和社会发展的大趋势。三是广大消防救援人员参与总结过程，可以使所有参评人员自觉进行换位思考，从而树立整体意识、大局意识，更好地消除由狭隘的个人利益倾向所带来的消极心理反应。换位思考，可以让每一个参评人员站在他人的角度去思考和处理总结中的具体问题，就可以使参评人员开阔认识与解决问题的思路，变换原有的思维方式，形成正确认识和处理各种关系的思想方法，在集体的“坐标系”中找到自己的位置。有了这种正确的方法，消防救援人员的心理就容易恢复平衡，更能激发消防救援人员的士气，调动其积极性。

第四节　消防救援人员心理调控措施

消防救援人员心理调控措施是指救援行动心理调控要采取的具体方式方法。它是依据救援现场环境变化对心理反应的影响倾向和强度，运用心理学和思想政治工作的基本规律，抑制消极心理反应发生、发展和蔓延，使消防救援人员的心理活动始终处于正常反应状态的活动。毫无疑问，调控措施的选择制定与运用恰当与否，直接关系到调控能否落到实处，能否达到目的。

一、改善物质人文环境，提高消防救援人员救援热情

在整个救援行动中，消防救援人员面对的环境主要包括自然物质环境和社会人文环境。自然物质环境，主要是指发生灾害事故的特定场所以及消防装备器材、后勤给养等；社会人文环境，主要是指由消防救援人员群体所形成的各种人际关系。救援心理调控就要把救援现场环境作为对救援心理影响的基本依据，并想方设法改善消防救援人员在救援行动中的客观环境，进而促成改变个体或群体心理反应，达到调控消防救援人员心理反应倾向、强度的目的。

（一）改善自然物质环境，为积极心理形成打基础

改善物质条件，不仅是改善消防救援人员生存和救援的物质保障问题，而且还是进行心理调控的一条切实可行的重要措施。自然环境对消防救援人员而言，是一个较为确定的客观存在，而这种客观存在所固有的自然属性，如不可控性、突发性、危险性等火灾特征，严寒、酷暑等自然气候特征，则具有一定的不可更换性。因此，改变救援环境主要是改善消防装备和器材、做好后勤给养保障，以精良的消防装备器材和充分的物质保障来改善消防救援人员的救援和生存的条件，抵御无法改变的危险因素所带来的侵害，以达到调控心理反应的目的。

一是大力改善消防设施，充分运用现代消防装备器材，保障救援能力生成的装备技术条件。针对我国消防装备建设不足的现实，积极争取资金投入，更新和添置消防车辆，购置适应现代救援行动所需要的个人防护、挖掘、破拆、侦检、照明、洗消等器材，建立现代化的通信调度指挥网络，从而利用各种现代装备器材提高救援行动效能。二是全力做好吃、住、行、医等后勤保障，改善救援人员生活条件，满足消防救援人员最基本的物质需求，保证生发救援能力的“物质”——消防救援人员生物机体始终处于良好的健康状态。后勤保障部门注重“拉得出、供得上、保得住、算得清”的日常模拟训练，财务和给养部门相互配合，力求做到物资的采购和供应快速、井然有序，保障救援行动中的装备、原料、食品、药品、被装等物资供应。三是群策群力调动消防救援人员主动适应环境的积极性，做好各种自我防御准备。

（二）改善火场人文环境，为积极心理生成创氛围

社会学认为，只要有人群的地方就有社会关系的存在。救援现场环境相对整个社会环境而言，其社会关系并不复杂。然而，在这种特定时空条件下所构筑起来的人文环境，其间任何一种关系，只要发生一点“风吹草动”，都会直接影响着每一个消防救援人员的心理反应与行为方式。例如，个体之间的关系，上下级之间的关系，个人与其家庭之间的关系等。

从调控的实际情况出发，改善救援现场这一特定的社会人文环境主要是改善可控因素，使消防救援人员从难以适应的环境中解脱出来，缓解身心反应强度，积聚和增添重新适应环境的能力与能量。一是积极主动地做好宣传鼓动，营造出积极向上的良好救援氛围。宣传鼓动，就是根据救援行动任务和救援进展情况，有针对性地采取多种形式和方法，激发消防救援人员的救援热情。二是积极组织保持和提高消防救援人员救援能力的活动。这种活动所要调控的具体对象，是消防救援人员心理的情感过程。调控的目的在于使消防救援人员与客观事物形成良好的救援能力提高的环境氛围。

二、改善个体心理环境，增添消防救援人员救援动力

救援心理环境是指消防救援人员在实施救援行动时，其个体的需要得到满足或受到挫折时所形成的一种较为稳定的情感体验。改变消防救援人员的心理环境，一方面要想方设法使消防救援人员能够正确处理救援行动中的各种矛盾冲突和挫折；另一方面还要尽力避免可能引起消防救援人员出现矛盾冲突和挫折的因素。

（一）积极开展动员教育，纠正消防救援人员认知偏差

由于消防救援人员来自五湖四海，各自的经历、社会文化背景存在着差异，所具有的经验、知识也各不相同，因而他们对事物的认知与理解存在着极大的差异性。在这些认知与理解中，既有较为全面的正确认知，也有片面的错误认知。在片面的错误认知基础上形成的心理反应，必然是一种消极的心理反应。实践证明，积极开展动员教育，可以解决人员在认知方面存在的偏差。要保证动员教育真正管用，应该突出以下两个内容的教育。

一是强化消防职能教育，提高消防救援人员的角色意识，增强社会责任感。消防救援职业是一种强调社会责任、牺牲奉献、为民服务的职业，消防救援人员应当有正确的职业理想和职业道德，切实履行职业义务和职业要求。尽快地从普通公民的角色转换到消防救援人员这一新的角色上来，树立起崇高的职业理想和职业道德。如果没有清晰的角色意识，没有坚强的职业理想，没有深刻的职业认知，就会使消防救援人员出现角色错位，容易造成厌烦心理和争功夺奖的补偿心理。与此同时，灾害事故的危害性与“救人第一”的原则之间形成了强烈的对比，如果没有良好的职业道德和职业价值观，消防救援人员可能出现怕死怯战的心理反应。

二是进行革命英雄主义教育，帮助消防救援人员树立正确的生死观。灾害事故从来不是仁慈的，任何投身于消防救援的人员无一不随时随地面临着血与火、生与死的考验。无

论结果如何，都有可能付出血的代价，在救援行动中负伤牺牲是不可避免的。救援行动是对消防救援人员的人生观、价值观和世界观最严峻的考验，救援行动需要不怕流血牺牲、不怕艰难困苦的革命英雄主义的精神支持，这种精神为消防救援人员在救援行动中英勇顽强、不畏艰难险阻、不怕流血牺牲提供了巨大动力。

（二）充分发挥合力，为消防救援人员“加油鼓劲”

消防救援人员作为社会成员，与社会有着千丝万缕的联系，如父（母）子关系、夫妻关系、恋爱关系、朋友关系、同学关系等。这些关系对象的心理倾向、态度、观点等，都可成为营造消防救援人员心理环境的重要因素。要调控由此引起的心理反应，仅仅依靠消防救援队伍自身的力量是难以解决的，还必须依靠社会各界从各个不同的渠道、在各个方面给予其精神上、物质上的支持和帮助，成为其筑造良好心理环境的积极因素，为其提供源源不断的救援动力。

一是利用人际期待效应，提高消防救援人员的救援激情。人际期待效应就是利用社会、队伍、家庭中某个人对消防救援人员的预定看法和期望，达到影响和制约消防救援人员的救援态度和行为，提高救援意志和情绪的目的。首先，国家、政府、社会团体要以不同的形式通过各种传播媒介，表达自己对消防救援人员的希望和要求。其次，利用与消防救援人员关系特殊的对象向消防救援人员表达积极的期待。最后，积极组织和发动消防救援人员的家人与其进行思想交流，使消防救援人员能够看到或者听到家中亲人的嘱托和希望并为这种嘱托和希望而努力参与救援行动。尽力创造良好的交流渠道和环境。严格把关，严格审定交流内容。严格控制好大众传播媒介，避免因其误导而使消防救援人员消极抵触、临阵脱逃。二是利用人际交往效应，增强团队的内聚力与消防救援人员的归属感。在救援行动中，由于消防救援人员的活动范围、救援行动等受到各种条件的限制，极易使他们产生恐惧感、孤独感，促使每位消防救援人员都有与他人交往的迫切需要。救援情境越恐怖、越残酷、越危险，造成的恐惧感越强烈，其交往的心理需求也越强烈；个体越是害怕、胆小，越愿意找人交流。与此同时，救援行动危险性大，伤残率高，彼此之间依赖性强，客观上要求消防救援人员要进行密切配合。在灭火救援与日常生活中充分利用现有条件，以救援班、救援小组为单位畅谈理想、交流救援心得体会，号召消防救援人员在生活上互帮互助，在救援中主动协调，使队友之间更加同心同德，为集体和他人安全而英勇奉献。

（三）妥善解决“后顾之忧”，保证消防救援人员“轻装上阵”

对消防救援人员而言，解除其后顾之忧是改善心理环境、消除消极心理生成的一个主要措施。具体措施主要有以下三个方面。一是进一步形成尊重消防救援人员的社会风气。呼吁全社会切实关心支持消防救援工作，提高消防救援人员的救援热情，增强其职业自豪感，使之在一个被爱的、被尊重的氛围中工作，最大限度地减除其后顾之忧。二是尽可能地满足消防救援人员的生活需求。积极创造条件，设立健身房、理发室、洗澡堂等服务设施，并不断提高服务质量。通过美化营区，使营区建设达到情景化、知识化、人性化的要求，使营区环境的陶冶、教育功能得到充分发挥。三是提高消防救援人员的工资收入，增加各种福利待遇。尽可能提高福利待遇，使消防救援人员的实际收入随着国民经济的发展而不断增长。建立医疗保障制度、体检制度，组织疗养、娱乐活动，拨专款为消防救援人员购买人身安全和家庭财产保险等，真正为其生活减压，使之全身心地投入到救援行动中。

（四）合理宣泄疏导，“净化”消防救援人员心理环境

宣泄疏导是指让消防救援人员通过一种合理的行为表现，将积压在自己内心的紧张、焦虑、恐惧、悲痛或激动、狂喜等情绪，释放、发泄到外界环境中去，从而解脱内心的压力感、压抑感和狂躁感的方式方法。引导消防救援人员以适当的方式将心中被压抑的矛盾冲突、精神创伤和悲痛情绪“抒发”出来，以减轻或消除消防救援人员的心理压力，避免其精神崩溃，达到恢复理智和身心健康，更好地适应救援现场环境的目的。

从理论与实践上看，宣泄疏导主要有五种方式。一是谈话性宣泄与疏导。具体地说，就是通过消防救援人员相互之间的交谈，尽情地、坦诚地将被压抑的消极情绪倾吐出来。二是书写性宣泄与疏导，即有组织地让消防救援人员通过咏诗作文、写信、写日记、写决心书等形式，将其内心的苦恼、悲伤抒发出来。这种方式，适用于性格较为内向，不喜欢交际，不习惯将自己的情绪流露出来的消防救援人员。三是运动性宣泄与疏导，即通过体力劳动、体能训练等运动形式，“抒发”其内心不平或愤怒情绪。这种方式适合于性格暴躁、情绪极易冲动的消防救援人员。四是哭泣性宣泄与疏导，即通过流泪哭泣的形式，将消防救援人员积郁在内心的委屈、悲伤、痛苦等情绪宣泄出来。五是咨询性宣泄与疏导，即在消防救援队伍引入心理咨询机制，通过现场咨询、网络咨询、电话咨询、书信咨询等形式，由专业人员针对消防救援人员存在的具体心理问题予以解决。

三、提高能力，增强救援信心

救援行动任务的信心能力是指消防救援人员能够顺利完成救援任务的个性心理特征。能力的强弱决定消防救援人员救援活动的效率，直接关系到消防救援人员进行救援行动时的心理状态。消极心理反应的产生与消防救援人员所从事活动的各种要求和消防救援人员现有能力之间存在着不平衡密切相关。当消防救援人员感到自己能力不足，对当前所要解决的问题无法应对时，就会出现紧张、慌乱、恐惧等心理体验。因此，提高完成消防救援行动的能力，是从根本上消除消极心理反应的一个极为重要的方面。

（一）加大技战术训练强度，提高身体适应能力

每一个消防救援人员对环境和困难的适应能力都是有潜力可挖掘的。挖掘潜力的主要方法就是开展高强度的学习与训练，把消防救援人员放到与实际遇到的环境、困难、危险相类似，甚至超过实际情况的恶劣条件下训练，以调动其身心内所储存的巨大能量，用来提高消防救援人员对环境、困难条件的身心适应能力。在平时与救援行动前的学习训练要围绕救援行动特点要求设置体能训练内容。一方面，要结合救援行动任务的特点，加大综合性科目的训练设置，有意识地选择炎热酷暑、寒冷等天气，对消防救援人员在各种干扰和机体疲劳的情况下实施一些综合性科目训练，使其充分经受苦与累、险与难的考验。另一方面，加强饱和训练，即在规定的时间里，采取各种手段，实施内容齐全、难度高、强度大的训练，在不损害消防救援人员身心功能的前提下，坚持大密度、高强度的训练。

（二）加强心理适应训练，提高心理承受能力

从一定意义上讲，心理准备是决定救援行动胜负的关键。这种心理准备的基础是消防救援人员对救援行动的心理承受力与适应力。消防救援人员行动时的心理承受能力与适应能力来源于平时与救援行动前的训练，来源于救援行动前的心理准备。因此，强化救援行动前的心理适应性训练，使消防救援人员对救援中可能出现的情形有充分的认识和相对超前的体验，就成为心理调控的有效措施之一。心理适应训练必须将训练场景设置得与救援行动中可能出现的情况十分接近。其中的训练强度与难度等方面的标准不低于实际救援行动，尽可能地消除训练与实际救援行动的差距，提高消防救援人员“行动时”应对能力。充分了解救援行动的特点，尽量使场景设置与实际场景相差无几。利用各种自然环境，设置危险、困境、绝境，让消防救援人员在各种不熟悉的地形和恶劣的天气下，完成技战术训练，训练其临危不乱的心理状态。

（三）加强装备器材操作训练，提高装备使用技能

古人云：“练兵之法，练胆为先；练肌之法，习艺为先。艺精则胆壮，胆壮则兵强。”通过训练使消防救援人员对其所使用的装备器材真正达到熟练程度，建立起应有的人—机间的动力定型。一是消防救援人员要熟练掌握消防装备器材的理论操作规程，在理论上把操作要领弄清楚，将消防装备器材的各种操作规程、要领等“烂熟于心”。二是熟练运用装备器材操作的各种操作动作。在掌握理论的基础上，反复对操作动作进行强化，使操作动作成为人员的无意识反应，能够驾轻就熟地在火场上排除各种干扰，圆满地完成救援任务。

习题

1. 消防救援行动前应采用哪些具体的心理调控措施？
2. 消防救援行动中应采用哪些具体的心理调控措施？
3. 消防救援行动后应采用哪些具体的心理调控措施？

第十一章　消防救援人员的心理咨询与治疗

消防救援人员心理问题的消除、心理疾病的康复以及心理健康水平的提升可通过心理咨询与治疗加以实现。随着社会的发展，人们更加关注心理健康问题，心理咨询适应了现代人的这种要求。消防救援人员有必要系统地了解和学习心理咨询与治疗的一般知识。

第一节　概　　述

一、心理咨询的发展

早在古希腊时期，人们就常从哲人、《圣经》的旧约全书以及巫医那里得到劝告和帮助。我国古代医学文献中也有许多有关记载，阴阳五行相克和情态相生理论即是典型的一例。然而，心理咨询作为一种比较成型的理论和方法，却只有近百年的历史。心理咨询的发展是与职业指导、心理测量技术的开展和心理治疗的发展乃至整个社会的变化、科技的进步联系在一起的。

在职业指导方面，20 世纪初，随着工业发展，社会分工日益精细，人们对自身价值日益重视，职业选择成为社会和个人的需要。帕森斯在 1908 年撰写《职业选择》一书，为心理咨询奠定了基石。

在心理卫生方面，1908 年，美国作家克里福德·比尔斯把他自己在精神病院的遭遇写成了《一颗找回自我的心》一书，轰动全美。1909 年 2 月，全美心理卫生委员会成立，心理咨询逐步受到人们的重视。同时，心理测验为心理咨询的发展也提供了必要的帮助。

20 世纪 30—40 年代，社会动荡导致了各种心理问题的出现。心理咨询开始走出教育和职业领域，更多地为民众的心理适应、情绪调节和人际关系服务。1942 年，美国心理学家罗杰斯的《心理咨询与心理治疗》使非医学和非心理分析的心理治疗成为现实。在此之前，受弗洛伊德的影响，心理咨询工作只有医生可以开展。

1953 年，美国心理学会把咨询心理学作为其第 17 个分支。1963 年，美国心理学会成立心理治疗分会，列为其第 29 个分支。几十年来，心理咨询和治疗在世界各地得到了迅速发展，理论和方法不断改进，服务领域日益扩大。许多国家的心理咨询工作已经渗透到人们生活的各个方面，发挥着重要的作用。

我国的心理咨询起步较晚。1958 年，我国曾开展过快速综合心理治疗工作。直到近几年，这一工作才逐渐得到了社会各界的重视，发展较快。1980 年前后，在一些综合性医院开设了心理咨询服务，目前，国内许多医院相继开设了心理咨询门诊，效果显著。尤其引人注目的是高校心理咨询活动的蓬勃开展，许多院校相继建立了心理咨询机构，对广大青年学生的心身健康、全面发展产生了积极的影响。消防救援队伍的心理咨询工作自20世纪60年代开始起步，20世纪90年代以来，结合消防救援队伍现代化建设和消防员心理卫生的需求，消防救援队伍各级医疗单位相继成立了40余家心理咨询室，部分单位还设立了消防员咨询热线，对于解决消防救援人员心理困扰，指导消防救援人员正确面对各种异常情绪起到了积极的作用。中国消防救援学院也建立了消防员心理发展指导中心，为学员的心理健康提供服务。

二、心理咨询的定义、内容、功能与任务、类型、步骤

（一）心理咨询的定义

提起心理咨询，不少人总将其与“精神病”“心理变态”相联系，并表现出一种似乎有些害怕或不安的表情，这是理解上的不准确。其实心理咨询的目的主要是那些在生活、学习和工作中遇到困难与挫折而产生心理困扰的正常人群。心理障碍只是一小部分，神经症和发病期的精神病人并不属于这个范畴。

罗杰斯指出，心理咨询是一个过程。其间咨询师与来访者的关系能给予后者一种安全感，使其从容地开放自己，正视自己过去曾否定的经验，然后把那些经验融合于已经转变了的自己做出统合。同时，心理咨询是一种帮助人的过程，强调人际关系在咨询中的重要性，相信人可以通过对自己的重新认识达到自我的改变。美国的比尔·克莱文夫妇在《心理咨询师的问诊策略》一书中指出了心理咨询的四个要素，即有人寻求帮助；有人愿意给予帮助；后者受过专业训练，能够提供帮助；有特殊的环境使咨询能够进行。

心理咨询是指受过专门训练的咨询师运用心理学的理论、方法以及技巧，对那些解决自己所面临的问题有一定困难的人提供帮助、指导、支持，找出心理问题产生的原因、探讨摆脱困境的对策，从而缓解心理冲突、恢复心理平衡、提高环境适应能力，促进人格成长。心理咨询的目的就是帮助那些人格正常但又存在心理重负的人解决其在学习、生活、工作、交往等方面存在的不适应，从而在认识、情感、态度和行为方面有所变化，使之更好地适应环境。心理咨询是一门科学，是一种技术，也是一门艺术。

（二）心理咨询的内容

心理咨询的内容十分广泛，几乎涉及生活的各个方面，具体可归纳为以下七个方面。

一是倾听来访者的诉说，确定其有无心理障碍。对无心理障碍者，给予适当的沟通，使其免入歧途；对有心理障碍者，应进一步提供诊治方向，如进行心理测验、心理治疗等。

二是引导来访者正确对待升学、提干、处分、失恋、亲人亡故、车祸等生活事件，学会适当地调节情绪，尽快恢复正常生活，适应工作、学习的环境。

三是帮助心理障碍者及其家属、亲友、领导等了解心理障碍的康复、预后、坚持服药

及常见的药物反应、社会适应能力（生活、专业学习、职业选择）等方面的常识，提高其对心理障碍的认识，减少疾病的复发次数，同时告诫他们安全防护常识。

四是为心理疾病患者（症状包括但不限于糖尿病、心脏病、高血压、皮肤病、偏头痛、神经性厌食、习惯性便秘、肥胖症、阳痿、月经不调、过敏性哮喘、荨麻疹、湿疹、过敏性结肠炎等）解释心理因素在疾病的发生、发展过程的作用及如何进行自我心理调节。

五是通过心理咨询的劝解、开导，为有认识偏差或行为不良者解除困境。

六是对不同职业及不同社会心理问题（如吸毒、酗酒、性生活障碍、性变态、自杀、犯罪等）提供解决方法，如戒毒、戒酒、性教育、识别自杀前期的心理状态及不正常行为、加强法制教育等。

七是为所有来访者解决困惑，指点迷津。

（三）心理咨询的功能与任务

心理咨询具有三种功能，即教育功能、保健功能和治疗功能。国际心理学联合会编辑的《心理学百科全书》指出："咨询对象被认为是在应付日常生活中的压力和任务方面需要帮助的正常人。咨询心理学家的任务就是教会他们模仿某些策略和新的行为，从而能够最大限度地发挥其已经存在的能力，或者形成更为适当的应变能力""咨询心理学强调发展的模式。它试图帮助咨询对象得到充分的发展，扫除其正常成长过程中的障碍"。立足于发展性咨询是消防救援人员心理咨询的特色与生命力所在。消防救援人员的心理咨询绝不仅仅是消防救援人员保持健康的需要，而且也是消防救援人员成长和队伍建设的需要。

消防救援人员的心理咨询的根本任务是通过一系列的教育与服务，培养消防救援人员良好的心理素质，减少由于矛盾冲突而引发的适应不良、预防心理疾病的产生、提高心理健康水平、促进人格成熟完善，最终有助于消防救援人员德智体全面发展。

（四）心理咨询的类型

一是发展咨询。这类咨询的对象是比较健康、无明显心理冲突，基本适应环境的消防救援人员。其咨询的目的是为了更好地认识自己，扬长避短、开发潜能、提高工作与生活的质量，追求更为完善的人格和更加和谐的人际关系，帮助消防救援人员更好地发展自我及实现人生价值。

二是适应咨询。这类咨询的对象是身心基本健康但工作与生活中有各种烦恼、心理矛盾时有发生的消防救援人员。其咨询的目的是排解心理忧难、减轻心理压力、改善适应能力。其心理困扰如救援任务完成不如意而忧虑；陷入失恋痛苦而难以自拔；人际关系不协调而苦恼；远离父母，缺乏生活自理能力而焦虑；环境改变而自我认知失调等。

三是障碍咨询。这类咨询的对象是患有某种心理疾病，为此苦不堪言，影响了正常工作与生活的消防救援人员。其咨询的目的是配合系统的药物治疗，克服心理障碍、缓解心理症状、恢复心理平衡。

（五）心理咨询的步骤

心理咨询是一种特殊的助人方式，除少数情况属于知识上的指导和帮助外，大多数情况下，会触及人的内心隐私。因此，心理咨询最主要的形式是心理咨询师和来访者一对一地面谈，即门诊咨询。此外还有一些形式，如书信咨询、电话咨询、专栏解疑等，但这些只能是辅助形式，不能代替门诊咨询。这里介绍的是门诊咨询的一般过程。

第一，建立相互咨询依赖的关系。咨询双方建立相互依赖的关系是咨询过程的第一步，也是贯穿整个咨询过程的一个极为重要的步骤。咨询师与来访者之间建立一种坦率、信任的关系，是咨询过程的首要条件，也是有效咨询的前提条件。咨询师不能将自己视为高人一等的专家，而应以平等的身份看待来访者。咨询师要努力给来访者以良好的第一印象。咨询师要善于启发来访者提出的问题，要耐心倾听并细心观察来访者的言谈举止，可适当插话，不可轻易打断来访者的话题，更不要流露出不耐烦的情绪。

第二，搜集信息，厘清问题的大致范围和可能性质。搜集信息是整个咨询工作的基础。应着重了解以下三个方面的情况。一是来访者的基本情况，如姓名、性别、年龄、民族、职业、文化程度、婚姻状况、工作情况、身体情况、家庭情况、特长与爱好等；二是来访者的社会文化背景，如家庭背景（父母兄弟姐妹的基本情况）、学校背景、工作背景和社区背景等；三是来访者的心理问题，如学习、工作和社会适应问题、智能发展与技能掌握问题、个性发展问题、情绪困扰问题、人际交往问题、性心理和婚恋问题、行为品德问题、升学择业问题、心理障碍或身躯疾病的治疗问题等，这是搜集信息的核心内容。

第三，检查评估、明确咨询目标。这是一项细致的工作，在检查评估中，要求咨询师熟练运用检测工具对来访者进行精心测查。最常用的检查工具是心理测验量表。检查的目的是在前述工作的基础上，对咨询目标或治疗措施的确定创造条件。

第四，选定解决问题的方案。上述几步主要是围绕发现问题、分析问题、明确问题展开工作，此后转入实际解决问题的阶段。选定解决问题的方案，对实际问题解决关系重大。解决问题的方案可有多种选择，究竟哪一种是最佳方案，咨询师应认真进行比较筛选，并适当征求来访者的意见，根据双方的实际情况和成功的可能做出最后的决断。方案选定后就要予以实施。有些问题可以在咨询机构当场解决，有些可由来访者带回去自行解决，一些复杂心理障碍的治疗问题，则需来访者多次前来检查、治疗，方能逐步得到解决。

第五，追踪、反馈、巩固和发展咨询成效。这是咨询过程的最后一步，也是不可忽略的一步，对于那些重要的、复杂的咨询问题，必须进行追踪观察，以利于咨询效果的巩固、评价和个案资料的积累。

三、心理治疗的定义和种类

（一）心理治疗的定义

心理治疗又称精神治疗或心理疗法，指在良好的治疗关系基础上，由经过专业训练的心理医生运用心理治疗的有关理论与技术，对在精神和情感等方面有障碍或疾患的人进行治疗的过程。心理治疗的目的是改善患者的不良心态与适应方式，解除其症状与痛苦，促进人格改善，增进身心健康。

随着近代医学科学的发展，心理治疗不再是通过暗示、说服、解释、保证、教育等纯心理学方法进行医疗的古老方法。古老的以言谈为主要形式的心理治疗发展为采用先进科学仪器为手段的新型心理治疗方式。运用现代行为科学、生物反馈原理、心理生理科学等先进理论，提高技术水平，改进治疗方法，使心理治疗成为一门举世瞩目的综合科学体系，前景广阔。

心理治疗是指患者在觉醒或催眠状态下，运用各种心理机制和心理技术的一类治疗方法。它是通过心理医生采用有目的的、科学的各种直接或间接的心理手段，影响患者心理状态达到治疗目标。心理治疗适用于心身疾病、各种神经症、反应性精神病、某些精神病的恢复期、性心理障碍、社会适应障碍、人格障碍等。

（二）心理治疗的种类

心理治疗分支流派颇多，具体治疗方法有许多种，概括起来，可分为以下三种类别。

一是根据治疗对象可分为集体治疗和个别治疗。集体治疗是将相同病情、病种的患者集中在一起，人数一般为20人左右，由心理医生从浅入深地讲解疾病的病因、治疗方法及注意事项，借助个体间相互作用、相互影响而治病。这样既节省时间，又能让患者现身说法，各自抒发感受，互相介绍治疗效果，可取得较好的疗效。个别治疗是医生与患者单个接触，深入了解患者内心世界，有的放矢，尽快解除患者内心痛苦。

二是根据治疗范围可分为家庭治疗和社会治疗。家庭治疗是把患者作为家庭的一个成员，不仅对他本人进行心理治疗，而且对家庭中的其他成员也同时进行心理治疗，观察患者的心理反应，同时也注意家人对患者的态度，从中调整，治愈疾病。社会治疗又称教育治疗，是指导患者如何与社会接触、与人交往，怎样重新适应社会生活。

三是根据治疗的内容分类。按治疗的内容和方式可分为说服治疗、心理分析治疗、认知治疗、暗示治疗、工娱治疗、艺术治疗、音乐治疗、放松静默治疗、生物反馈治疗、行为矫正治疗等。

四、正确看待心理咨询与心理治疗

从心理咨询与心理治疗的定义不难看出，二者有许多相似之处，具体表现在两者所采用的理论方法常常是一致的；在强调帮助来访者成长和改变方面是相似的；两者都注重建立帮助者与求助者之间良好的人际关系，认为这是帮助求助者改变的必要条件；两者的目标都是维护和增进心理健康等。因此，无论在国内还是国外，心理咨询与心理治疗常常被当作同义词。咨询师的实践在心理医生看来是心理治疗；心理医生的实践又被咨询师看作是咨询。

尽管心理咨询与心理治疗有许多相似之处，但两者的区别仍然是显而易见的。两者的区别具体表现在心理咨询的对象主要是正常人，他们的主要困难是现实生活中的适应与发展问题，而心理治疗的对象主要是有较重心理障碍的患者，如人格障碍、神经症等；心理咨询所着重处理的是日常生活中的人际关系的问题、职业选择的问题、教育过程中的问题等，心理治疗的适应范围是性变态、神经症、身心疾病、精神患者康复期适应等；从事心理咨询的是咨询心理学家、社会工作者等，而从事心理治疗的多是临床心理学家，精神科大夫等。

在消防救援队伍中一般存在这样的认识，即我的问题是我自己的事，没有严重到非得请别人帮忙不可。这是对心理咨询与治疗的一种误解。其实，在生活中所有的人都可以接受心理咨询和治疗，不论其问题的大小与严重程度。尽管有许多人对自己的问题经过一段时间后也能解决，但接受心理咨询的帮助可能更有助于问题的有效解决。况且，心理咨询不是直接替来访者解决问题，只是帮助他们认清问题的实质及分析问题的成因，并由他们自己选择解决的方法，咨询师只起建议、指导的作用，是助人自助。因此，认为自己的事只有自己才能解决，有“病”才需要心理咨询的看法是错误的。在生活中遇到任何问题，如果自己感到难于应付或不好解决，都可以接受心理咨询的指导和帮助。

由于社会上对心理咨询与治疗存在偏见，一些消防救援人员害怕自己去心理咨询被人发现而被扣上“不正常、有问题、有精神病”的帽子，而宁愿闷在心里，自己慢慢消化、解决。其实心理障碍与感冒一样是一种疾病，对它应与其他疾病一视同仁。无论是什么样的心理问题都应及时去求助和治疗。

五、心理咨询与治疗的原则

（一）保密原则

以往我们的心理咨询主要遵循的是以障碍咨询为主的医院模式和以发展咨询为主的高校模式。现在我们需要探讨一套适合消防救援队伍的心理健康工作模式。无论哪一种模式，最首要的是伦理的问题、隐私的问题，因为心理咨询是来访者与咨询师之间的心灵沟通。当来访者将自己埋藏心底的困惑与苦恼讲述给咨询师，他希望对方理解他的心境，分担他的痛苦，还希望对方不会将自己的隐私和心事告诉他人。保守秘密既是职业道德的要求，也是咨询能有效进行的最起码、最基本的要求。

在心理咨询中应注意如下六个事项。一是来访者的资料绝不能当作社会闲谈的话题；二是咨询师应小心避免自己有意无意间用个案举例，来炫耀自己的能力和经验；三是咨询师不应将个案记录档案带离服务机构；四是在工作场所要小心保管，避免放错地方，遗失或丢在他人可翻阅的地方；五是若有必需，资料传阅之前，应经来访者同意；六是如果来访者可能危及他人或危及自己的生命（自杀、他杀等），必须与有关人员联系，采取保护措施。此外，由于教学与研究的需要，咨询内容需公开时，必须隐去来访者的全部信息。

（二）中立原则

咨询师在心理咨询中应始终保持不偏不倚的立场，确保心理咨询的客观与公正，不得把自己私人的意愿、利益掺杂进去，保持冷静的、清晰的头脑，在咨询过程中，不轻易批评来访者，不应把权威的价值观和自己的价值观强加于来访者。

（三）信赖原则

咨询师应以满腔热情、真诚的态度，从正面、积极的角度来审视来访者的问题。若要尊重与接纳每一个来访者，咨询师必须对人的本质有积极的信念，相信每一个体独特的潜能，重视每一个体的人性尊严与价值。这样才能相信人的可塑性、可改变性，才能采取正面、积极的态度引导来访者的转变与成长。

（四）理解与支持原则

理解与支持原则要求咨询师设身处地地去感受来访者的内心体验，以深刻了解其精神痛苦和行为动机。从专业角度而言，这种真诚理解是同感的基础。咨询师对来访者的自我反省与转变的努力予以及时的肯定与支持，则可使他们深受鼓舞，使其改变对自我的认识，有助于来访者解除心头的郁结，从而获得鼓励和信心。这一原则有三大要点：一是支持关怀，“良言一句三冬暖”，来访者大都认为自己是最孤独、最不幸的人；二是让来访者适当宣泄情绪；三是使来访者树立自我改变的信心。

（五）成长性原则（非指导性原则）

人本主义流派认为心理咨询主要不是一种外部指导或灌输关系，而是一种启发与促进内部成长的关系。他相信每个人都有成长的巨大潜力，通过咨询激发之潜力，不能对来访者的行为简单地进行解释，明确告诉他应该怎么办，不应该怎么办。成长性原则要求咨询师在咨询过程中对来访者绝对尊重、接纳，竭力推动对方去独立思考，从而强化其自助能力，咨询师应避免直接出谋划策。

第二节　心理咨询与思想政治工作的关系

一、心理咨询与思想政治工作的区别

心理咨询与思想政治工作虽然都是对人的工作，但二者是有明显区别的。

（一）目的不同

心理咨询的目的是为了保障人的心理健康，合理引导与矫正人的各种不良的心理与行为，使其形成良好的个性，不仅能适应各类刺激，而且能最大限度地发挥潜能。心理咨询工作的重点在个体以及个体与环境之间的协调；思想政治工作的目的是帮助人们自觉地改造主观世界，重点在于提升政治思想觉悟和认识能力，工作的重点在于使人树立正确的政治信仰、价值观念、道德品质、社会意识。

（二）工作的内容不同

心理咨询的内容是根据心理发生发展变化的规律指导人的心理保健，并帮助人们排除各种心理障碍；思想政治工作的内容是对人进行思想政治方面的、全面系统的培养教育，共产主义理想、革命人生观教育，共产主义道德风尚教育，社会主义劳动态度与主人翁思

想教育，正确处理国家、集体与个人三者关系的教育，革命传统、艰苦朴素的教育，爱国主义与国际主义教育，科学文化业务知识教育，法制教育等。

（三）社会制约程度不同

心理咨询是一门中间科学，虽有明显的社会科学属性，但又有与自然科学交叉的属性，某些具体方法与内容不具有阶级性，有跨时代的特点；思想政治工作属于社会科学范畴，有极其鲜明的阶级性、时代性、政策性。

（四）工作过程不同

一是心理咨询过程特别强调咨询师与来访者之间的平等，强调自愿性；思想政治工作虽然也注意对人的尊重与关怀，但在很大程度上强调服从性，有时还强调纪律和命令；二是在心理咨询中，来访者心理问题的解决可以是在有意识状态下进行的，也可能被无意识地纠正，但思想政治教育中人们的思想意识与思想方法的解决必须是有意识的；三是在心理咨询中更加强调运用各种技巧，咨询师尽量少讲，多倾听、观察、引导，在思想教育中，虽然也强调思想政治工作者的以身作则，但更加注重说理性、强调以理服人；四是对问题做出评估时，心理咨询可以有许多特殊的检查方式，如运用仪器、量表等，而思想政治工作不需要运用这些特殊方式，同时对问题的性质的判断中，心理问题虽有其社会是非意义的一面，但也有非社会是非的一面，而思想政治问题都是有社会是非意义的；五是在问题的解决中，心理咨询必要时需借助药物治疗，思想政治工作则不能如此；六是心理咨询过程要严格为来访者保密（除涉及法制或危及本人与他人安全者），而思想政治工作在多数情况下则要求将有关人员的问题及时反映给有关部门。

（五）对工作人员的要求不同

咨询师必须是能够协助来访者解决心理问题的心理咨询专业人员，强调咨询师的专业知识与技能水平，以及咨询师个人的影响力和心理健康水平。思想政治工作者则必须具备正确的政治立场、观点及从事思想政治教育的能力与方法。

二、心理咨询与思想政治工作的联系

思想政治工作与心理咨询虽有明显的区别，但二者在现实生活中有着极其密切的联系。

（一）二者的根本目的一致

思想政治工作和心理咨询的目的都在于提高人的素质，使人们更好地认识和适应主观世界与客观世界。

（二）二者的工作内容与工作效果相辅相成

一个人的心理尤其是人格的健康总是与其思想意识、知识水平、价值体系、道德品质密切联系在一起，我们很难想象一个心理不健康的人能具有积极正确的思想意识，价值体系及高尚的道德品质，我们也很难设想一个思想意识不健康、满脑子个人主义，看问题充满唯心主义、形而上学的观点，品质恶劣的人能达到心理健康的境界。因此，无论是心理咨询或是思想政治工作的有效进行与科学发展，都要考虑到人的整体性与复杂性，都会对人的全面发展、健康起到积极的作用。

（三）二者在方法上相互借鉴

在思想政治工作中借鉴心理咨询的方法可以增加思想政治工作的科学性、直率性和疏导性。心理咨询借用某些思想政治工作的方法可以使心理咨询的过程更具有现实有效性，尤其在我国，中国共产党百年来所积累的思想政治工作方法中，有许多值得从心理咨询的角度加以发掘和整理的资源，这是我们的优势。

总之，心理咨询与思想政治工作是相互不可替代的，又是密切联系的，二者对人的积极发展都有着重要作用。任何时候企图以一个代替或削弱另一个，或者两者对立起来，都是错误的。

第三节 主要心理治疗理论

一、经典的心理分析疗法

经典的心理分析疗法为弗洛伊德所创立。应用此疗法可使来访者从无拘束的会谈中领悟到心理障碍的症结所在，并逐步改变其行为模式，从而达到治疗的目的。

从事心理分析的咨询师必须熟悉弗洛伊德的心理动力学理论，特别是关于潜意识和意识的以及各种心理防御机制的知识。会谈的目的是分析患者所暴露的、压抑在潜意识中的心理资料，使来访者意识到焦虑情绪的根源。会谈的方式一般是在安静、温暖的房间内，让来访者斜躺在舒适的躺椅上，面朝天花板，便于其集中注意力回忆，咨询师坐在来访者身后。会谈的时间每次约为 45~50 min，每周会谈 5 次。治疗过程需要半年至两年之久。长期的会谈能够获得来访者足够的心理资料，加深来访者与咨询师的关系，使咨询师能全面了解来访者的成长过程、生活经历、性格形成和处理问题的方式；来访者通过会谈也逐步加深其对自我的认识，为改变自己性格上的弱点找到努力的方向。

这一疗法所采用的技术有以下四种。

（一）自由联想

每次会谈让来访者选择自己想讨论的题目，如生活、家庭关系、工作、人际交往、爱好或发病经过等。总之随着来访者脑中所涌现的念头脱口而出，不管说出来的事情彼此有无关联，是否合乎逻辑。开始会谈时，来访者要做到这一点是比较困难的，因为他不能不考虑给咨询师留下的印象。但是随着咨询师的鼓励和指点，来访者逐渐沉入往事的回忆中，内心深处无意识的闸门不觉地打开了。谈出的事情常常带有情绪色彩。往往来访者突然停止不语，说想不起来了，或者绕过所谈的话题而言其他，有时还伴有不适当的冲动行为，甚至扬言要停止咨询或忘记咨询的预约时间或迟到。这些表明来访者出现了“阻抗”，这一现象常常是来访者心理症结的所在，咨询师的任务就是要帮助来访者克服这一无意识的抗拒。根据来访者当时的心理状态，用同情的语调引导来访者将伴有严重焦虑和冲突的事情进入来访者的意识中，将压抑的情感发泄出来。由于许多事情属于来访者幼年时的精神创伤，当时所产生的情感反应常是比较幼稚的，现在当来访者在意识中用成人的心理去重新体验旧情，就比较容易处理和克服，这叫作情感矫正，这样来访者所呈现的症状也会自然消失了。

（二）梦的分析

弗洛伊德在他的著作《梦的解析》中写道，“梦乃是做梦者潜意识冲突欲望的象征，做梦的人为了避免被人察觉，所以用象征性的方式以避免焦虑的产生”“分析者对梦的内容加以分析，以发现这些象征的真谛”。发掘潜意识中心理资料的另一种技术就是要求来访者在会谈中也谈谈自己做过的梦，并把梦中不同内容自由地加以联想，以便咨询师能理解梦的外显内容（又称显梦，即梦的表面故事）和潜在内容（又称隐梦，即故事的象征意义）。例如一女来访者叙述她梦见一个蒙面的陌生男人闯入她二楼的卧室，偷走了放在抽屉中她所心爱的首饰匣，被她发觉大喊一声“谁”，那蒙面男人冲出阳台仓皇逃走，她追到阳台，往下一看，发现他已跌死在楼下，因而被吓醒。咨询师通过来访者多次自由联想，了解了她的家庭生活和与丈夫的关系后就清楚这一显梦的象征意义，原来她的丈夫对她不忠，隐瞒了有外遇的事实（蒙面的陌生男人），欺骗了她的感情（偷走了首饰匣），她很气愤，诅咒他没有好的下场（他跌死在楼下），但又不愿他真的离她而去所以大喊一声（提醒他）。通过对隐梦的分析使来访者清楚焦虑情感的根源，引导其正确地处理与丈夫的关系。

（三）移情

当来访者沉入往事回忆，说出许多带有焦虑情绪的事情，而这些事情往往是与其关系密切的人物（如父母）有关，自然情感的宣泄也是有针对性的（针对自己的父母）。在会谈中，来访者往往把咨询师当作其宣泄的对象，这就叫作移情，把过去与父母的病态关系转移到与咨询师的关系上。当来访者出现移情，对咨询师表露出特殊的感情，把他当作上帝（热爱的对象，即正移情）或魔鬼（憎恨的对象，即负移情）时，咨询师一定要清楚意识到自己的处境和地位，这是治疗过程中必然会出现的好现象。咨询师一定要超脱自己，善于利用这一移情，循循诱导，让来访者认识到建立一个良好的人际关系的必要性。当这些从无意识过程中所暴露出的病态或幼稚情感和人际关系成为意识过程的内容时，这种不成熟的或“神经症性”的心理防御机制就减弱了，移情问题也就随之消失了。

（四）解释

在治疗过程中咨询师的中心工作就是向来访者解释其所说的话中的潜意识含义，帮助来访者克服阻抗，而使被压抑的心理资料得以源源不断地通过自由联想和梦的分析暴露出来。解释是逐步深入的，根据每次会谈的内容，用来访者所说过的话做依据，用来访者能理解的语言告之其心理症结所在。解释的程度随着长期的会谈和对来访者心理的全面了解而逐步加深和完善，而来访者也通过长期的会谈在意识中逐渐培养起一个对人、对事成熟的心理反应和处理态度。

经典的心理分析疗法的原始含义是严格按照弗洛伊德的心理分析理论来分析和解释来访者心理障碍的根源，也就是说来访者的心理障碍是由于其压抑在潜意识中的某些幼年时期遭受性的创伤和冲突引起的。在解释梦的象征性意义时往往把梦中所出现的凸出来的棍棒类的物体看作男性生殖器的象征，把凹进去的花瓶、脸盆类的物体看作女性生殖器的象征。通过反复的解释让来访者领悟到焦虑等心理障碍来自本我即原始“性驱力”的愿望未能得到满足或存在恋母情结所致。而这一论点并没有被许多心理分析家咨询师所接受，而在临床实践中，不用幼年“性”创伤来解释和分析，照样获得好的疗效。

这一疗法的适应症是心因性神经症。这种会谈显然不适合儿童或已呈精神错乱症状的各种精神病患者。由于它耗时长、效率低、费用开支大，而今很少有人应用。但这一经典心理分析的技术仍在各种改良的分析疗法中适用。

二、认知领悟心理疗法

认知领悟心理疗法是心理治疗专家钟友彬先生根据心理动力学理论结合中国的具体情况和多年实践于 20 世纪 70 年代末提出的，该疗法又称“中国式的心理分析法”。

这一疗法是从心理分析和心理动力学疗法派生的。它保留了有关潜意识和心理防御机制的理论，“承认幼年期的生活经历尤其是创伤体验对个性形成的影响，并可能成为成年后心理疾病的根源”“不同意把各种心理疾病的根据都归之于幼年‘性’心理的症结”，而认为性变态是成年人本人所未意识到的，即“用幼年的性取乐方式解决他的性欲或解除他苦闷的表现”。因此治疗时要用符合来访者“生活经验的解释使来访者理解、认识并相信其症状和病态行为的幼稚性、荒谬性和不符合成年人逻辑的特点”，这样可使来访者达到真正的领悟，从而使症状消失。

认知领悟疗法的适应症是强迫症、恐惧症和某些性变态症状，如露阴癖、窥阴癖、挨擦癖和异装癖等。

此疗法的具体做法有以下五点。

（1）采取直接会面的交谈方式，如来访者同意，可有一名家属陪同参加。每次会谈时间为 60~90 min，疗程和间隔时间皆不固定。由来访者或由来访者与医生协商决定。凡有书写能力的来访者都要求其在每次会谈后写出对医生解释的意见和结合自己病情的体会，并提出问题。

（2）初次会见时，要求来访者及家属叙述症状产生、发展的历史和具体内容，尽可能在 1 小时内叙述完。经躯体和精神检查诊断为上述适应症的来访者后，即可进行初步解释，告知来访者症状是可以缓解直至消除的，但需主动与医生合作。对医生的提示、解释要联系自己的认识思考，疗效的好坏取决于其自身的努力程度。如时间许可，即可告之来访者，他们的病态是由于幼年的恐惧体验在成人身上的再现，或用幼年的方式来对付成年人的心理困难或解决成年人的性欲。解释内容因疾病不同而略有出入。

（3）在以后的会见中，继续询问来访者的生活史和容易回忆的有关经验。不要求深入回忆，对于梦也不作过多的分析。通过会谈建立来访者与医生间的相互信任的良好关系，并使来访者真诚地相信医生的解释。

（4）随后与来访者一起分析症状的性质，使其相信这些症状大都是幼稚的、不符合成人思维逻辑规律的感情或行动，有些想法近似儿童的幻想，在健康成年人看来是完全没有意义的，不值得恐惧。只有几岁的儿童才会认真地对待、相信和恐惧，不自觉地用一些不太成熟的手段来“消除”这些幼稚的恐惧，或用幼年取乐的方式来解决成年人的问题等。这些解释要结合来访者的具体病情来谈。

（5）当来访者对上述解释和分析有了初步认识和体会后，即向来访者进一步解释症状的根源在于过去，甚至是幼年期。对强迫症和恐惧症来访者指出其根源在于幼年期的精神创伤。这些创伤引起恐惧情绪在脑内留下痕迹，在成年期遇到挫折时会再现出来影响来访者的心理，致使来访者用儿童的态度对待在成年人看来不值得恐惧的事物。现在已是成年人不应当像孩子那样认识、相信并恐惧特定事物。对于性变态来访者，结合其可以记忆起的儿童性游戏行为，讲明他的表现是用幼年方式来对待成年人的性欲或心理困难，因而是幼稚的。

上述的解释需要经过来访者与医生多次共同的讨论，才能使来访者完全理解，达到新的认识。

三、来访者中心疗法

来访者中心疗法是罗杰斯以人本主义理论为基础于 1942 年提出的。它与心理分析疗法相反，避免使来访者回忆压抑在潜意识中的心理症结，而是帮助来访者认识此时此地的现状，由于其缺乏自知不能正确认识和处理当前环境的现状，拒绝感受当时的情感体验而产生病态焦虑。因此，咨询的目的就是让来访者进行自我探索，了解与自我相一致的、恰当的情感，并用此情感体验来指导来访者的行动，也就是引导来访者靠自己本身的力量来处理自己存在的问题。

此疗法的适应症和心理疗法一样，主要是神经症。

此疗法的具体做法有以下三点。

（1）在会谈时，咨询师不是以一个权威专家的面貌来分析和解释来访者在言谈中所暴露的问题，而是以一个朋友的身份鼓励来访者发泄内心的情感。对来访者所讲的事件不作任何评价和指引，而是对其所表达的情感做出反应。例如某来访者在谈到她丈夫不让她出门自由行动而表现出不平的情感时，咨询师说：“你是有些发火了吧？”来访者说：“我当时简直是气疯了……”也就是咨询师不断用反馈的方式来激发来访者的情感。一再重复来访者在言谈中所表现出来的是最基本的情感，使来访者逐渐认识到自己在这一事件或问题中所克制的消极情感和自我评价。

（2）在治疗过程中咨询师不作解释，很少提问题，也不回答问题，而是无条件地正面关心来访者，使来访者感到温暖。不管暴露什么情感，咨询师总是充分理解和信任，犹如咨询师已进入来访者当时的情感中，让来访者看到咨询师是真诚的和表里一致的，对来访者的谈话是感兴趣的。在这样的气氛下，来访者没有顾忌地畅所欲言，逐渐从消极被动的防御性的情感中解脱出来，不再依靠别人的评价来判断自己的价值。由于每个来访者都具有对自我实现的健康态度，当来访者认识到其自身问题的实质，就能发挥出其自我调节和适应环境的潜在能力，进而改善人际关系，以此达到治疗的目的。

（3）一般治疗时间和次数不固定，由来访者自行决定。这一疗法也可集体进行（10人左右）。每周一至两次。在集体治疗时，咨询师只能作为集体的一个成员参加。

四、系统脱敏疗法

系统脱敏疗法是美国学者沃尔普在20世纪50年代末期发展起来的一种行为疗法。他认为神经症的起因是在焦虑情境中原来不引起焦虑的中性刺激与焦虑反应多次结合而成为较为牢固的焦虑刺激，产生异常的焦虑情绪或紧张行为。现在将焦虑刺激与焦虑反应不相容的另一种反应例如松弛反应多次结合，这两种反应是相互抑制的，于是就逐渐削弱了原来的焦虑刺激与焦虑反应之间的联系，逐步减轻对焦虑刺激的敏感性，因而这一疗法被称为系统脱敏疗法。

有些神经症患者虽然认识到了自己的病因，也有了改变自己病态行为的决心，但是做起来却很困难，不知怎样做才能真正摆脱这些症状，为此还需要学会采取一些行动来克服它们。因而系统脱敏疗法对有明显环境因素引起的某些恐惧症、强迫症特别有效。此疗法的具体做法有以下三点。

（1）首先要来访者学会放松，放松训练法见本书第七章第二节中的介绍。根据症状的不同采用不同的放松训练法。一般应用肌肉放松训练的方法来对抗恐惧症中的焦虑情绪。训练时要求来访者首先学会体验肌肉紧张与肌肉松弛在感觉上的差别，以便能主动掌握松弛过程，然后根据指导语进行全身各部分肌肉先紧张后松弛的训练，直至能主动自如地放松全身的肌肉。

（2）将引起来访者焦虑反应的具体情景按焦虑层次顺序排列。例如，某一大公司的推销员经常乘飞机来往于国内外各大城市，由于近来飞机失事较多而对乘坐飞机产生了恐惧心理，患了乘机恐惧症，每逢要乘机外出就表现严重的焦虑。现将来访者的焦虑从可以引起最轻的焦虑到引起最强烈的恐惧情景按层次顺序排列如下：①乘汽车去机场，看到一前往机场方向的指路牌；②来到民航候机场大门口；③进入候机大厅；④办理去某地航班的登机手续；⑤进入安全检查口；⑥排队进入机场检票大门口；⑦登上飞机楼梯；⑧进入飞机舱内；⑨坐上靠窗口的座位从窗口望见机翼与机场；⑩飞机开始启动进入跑道；⑪飞机升空，望见地面房屋逐渐变小，远离自己；⑫飞机进入白云之中。

将上述情景制成幻灯片，按顺序放在幻灯机内。

（3）令来访者坐在舒适的靠背椅子上，并全身肌肉放松。对面墙上挂一银幕，来访者手握幻灯机开关，先放映第一张幻灯片，令来访者注视并进行放松训练。如果这一情景不再引起焦虑，也就是在肌肉处于松弛状态，即转入注视第二张幻灯片，依次训练，循序渐进。当看到某一张幻灯片，例如第 7 张（登上飞机楼梯）时突然感到焦虑恐慌，肌肉紧张，则可退回到第 6 张幻灯片，重新进行肌肉放松。确信看到第 6 张排队进入机场检票口大门的情景已无焦虑，再重放第 7 张，依次反复直至看到登上飞机楼梯时不再焦虑，肌肉放松，再注视下一张幻灯片。如来访者通过了全部情景，不再出现焦虑，肌肉处于松弛状态，即可以从模拟情境向现实情境中转移，即陪伴来访者乘车去机场，在现场中重复上述情景。一般来说，在模拟情景中能够做到全身处于松弛状态，不再出现焦虑情绪，则绝大多数来访者也能成功地在现实情景中做到，这时治疗即告完成。如果未将焦虑层次制成幻灯片，可引导来访者记住焦虑层次或由咨询师按顺序下指令，要来访者按指令想象这一焦虑情景，如果在想象时肌肉保持松弛，未曾引起焦虑，则要来访者进行高一层次的焦虑情景的想象。运用想象法进行系统脱敏可同样奏效。

五、理性情绪疗法

理性情绪疗法是美国心理学家阿尔伯特·艾利斯创立的，他认为人的情绪和行为障碍并非因某一激发事件（Activating event）直接引起，而是由于经受这一事件的个体对其产生不正确的认知和评价所引起的信念（Belief），最后导致在特定情景下的情绪和行为后果（Consequence），这就称为 ABC 理论。通常认为情绪和行为后果的反应直接由激发事件所引起，即 A 引起 C，而 ABC 理论则认为 A 只是 C 的间接原因，B 即个体对 A 的认知和评价而产生的信念才是直接的原因。两个人遭遇到同样的激发事件——工作失误造成一定的经济损失，产生了很大的情绪波动。在总结教训时，甲认为吃一堑长一智，以后一定要小心谨慎，防止再犯错误，努力工作，把造成的损失弥补回来。因其有正确的认知，产生合乎理性的信念，没有导致不适当的情绪和行为后果。而乙则认为发生如此不光彩的事情，实在丢尽脸面，表明自己能力太差，怎好再见亲朋好友，因其有这样错误的或非理性信念，振作不起精神，导致不适当的甚至是异常的情绪和行为反应。

此疗法适用于各种神经症和某些行为障碍的来访者，他们往往具有以下三个特征。

（1）要求的绝对化。要求的绝对化是非理性信念中最常见的一个特征，从自己的主观愿望出发，认为某一事件必定会发生或不会发生，常用“必须”或“应该”的字眼，然而客观事物的发生往往不以个人的主观意志为转移，常出乎个人的意料，因此怀有这种看法或信念的人极易陷入情绪的困扰。

（2）过分的概括化。过分的概括化即对事件的评价以偏概全，一方面表现在对自己的非理性评价，常凭自己对某一事物所做的结果的好坏来评价自己的价值，其结果常导致自暴自弃、自责自罪，认为自己一无是处，一钱不值而产生焦虑抑郁情绪。另一方面是对他人的非理性评价，他人稍有差错，就认为其很坏，一无是处，其结果导致一味责备他人并产生敌意和愤怒情绪。

（3）感觉糟糕透顶。感觉糟糕透顶即认为事件的发生会导致非常可怕的或灾难性的后果。这种非理性信念常使个体陷入羞愧、焦虑、抑郁、悲观、绝望、不安、极端痛苦的情绪体验中而不能自拔。这种糟糕透顶的想法常常是与个体对己、对人、对周围环境事物的要求绝对化相联系的。

上述三个特征造成了来访者的情绪障碍，因此，本疗法是以理性治疗非理性、帮助来访者改变其认知，用理性思维的方式来替代非理性思维的方式，最大限度地减少来访者由非理性信念所带来的情绪困扰的不良影响。

理性情绪疗法的治疗过程一般分为四个阶段。

1. 心理诊断阶段

这是治疗的最初阶段，咨询师要与来访者建立良好的工作关系，帮助来访者建立自信心。摸清来访者所关心的各种问题，将这些问题根据所属性质和来访者对它们所产生的情绪反应进行分类，从其最迫切希望解决的问题入手。

2. 领悟阶段

这一阶段主要帮助来访者认识到自己不适当的情绪和行为表现或症状是什么，产生这些症状的原因是由自身造成的，要寻找产生这些症状的思想或哲学根源，即找出它们的非理性信念。

在寻找非理性信念并对它进行分析时要顺序进行。第一，要了解有关激发事件 A 的客观证据；第二，了解来访者对 A 事件的感觉体验是怎样反应的；第三，要求来访者回答对它产生恐惧、悲痛、愤怒情绪的原因，找出造成这些负性情绪的非理性信念；第四，分析来访者对 A 事件同时存在理性的和非理性的看法或信念，并且将两者区别开来；第五，将来访者的愤怒、悲痛、恐惧、抑郁、焦虑等情绪和不安全感、无助感、绝对化要求和负性自我评价等观念区别开来。

3. 修通阶段

这一阶段，咨询师主要采用辩论的方法动摇来访者非理性信念。用夸张或挑战式的发问要来访者回答他有什么证据或理论对 A 事件持与众不同的看法等。通过反复不断的辩论，来访者理屈词穷，不能为其非理性信念自圆其说，使其真正认识到非理性信念是不现实的、不合乎逻辑的，也是没有根据的。引导来访者分清什么是理性的信念，什么是非理性的信念，并用理性的信念取代非理性的信念。

这一阶段是本疗法最重要的阶段，治疗时还可采用其他认知和行为疗法，如布置来访者做认知性的家庭作业（阅读有关本疗法的文章或写一个与自己某一非理性信念进行辩论的报告等），或进行放松疗法以加强治疗效果。

4. 再教育阶段

这一阶段也是治疗的最后阶段，为了进一步帮助来访者摆脱旧有思维方式和非理性信念，还要探索是否还存在与本症状无关的其他非理性信念，并与之辩论，使来访者学习到并逐渐养成与非理性信念进行辩论的方法。用理性方式进行思维的习惯，以此建立新的训练，如解决问题的训练、社会技能的训练，以巩固这一新的目标。

由于与非理性信念进行辩论（Disputing）是帮助来访者的主要方法，可从中获得所设想的疗效（Effect），所以由ABC理论所建立的本疗法可以用“ABCDE”五个字头作为其整体模型。

习题

1. 心理咨询与治疗的原则是什么？
2. 心理咨询与思想政治工作的联系是什么？
3. 如何在消防救援实践中应用心理治疗方法？

参考文献

[1] 杰拉德·科里. 心理咨询与治疗的理论及实践 [M]. 朱智佩，陆璐，李滢，译. 10版. 北京：中国轻工业出版社，2021.

[2] 安林红，秦广萍. 压力心理学 [M]. 北京：电子工业出版社，2019.

[3] 丹尼尔·戈尔曼. 情商 [M]. 杨春晓，译. 北京：中信出版社，2018.

[4] 理查德·詹姆斯，伯尔·吉利兰. 危机干预策略 [M]. 肖水源，周亮，译. 7版. 北京：中国轻工业出版社，2018.

[5] 周朝英，黄雅静，吴宁. 警务心理学 [M]. 北京：中国人民公安大学出版社，2018.

[6] 理查德·科勒梅，罗伯特·霍夫. 消防员救援与逃生 [M]. 吴佩英，朱江，译. 上海：上海交通大学出版社，2016.

[7] 黄希庭. 心理学十五讲 [M]. 北京：北京大学出版社，2014.

[8] 吕显智. 基础公安消防部队应急救援能力建设研究 [M]. 北京：中国环境出版社，2014.

[9] 程正高，郑日昌. 心理学 [M]. 北京：北京师范大学出版社，2013.

[10] 谢利·泰勒. 健康心理学 [M]. 唐秋萍，译. 7版. 北京：中国人民大学出版社，2012.

[11] 郑红. 心理学原理与运用 [M]. 北京：清华大学出版社，2011.

[12] 时勘. 灾难心理学 [M]. 北京：科学出版社，2010.

[13] 刘德全，冯跃民. 火场心理控制与干预研究 [M]. 北京：中国人民公安大学出版社，2009.

[14] 曹梦雅，张瑞星. 消防员心理弹性现状及影响因素研究 [J]. 现代商贸工业，2020，41（11）：93-95.

[15] 刘峰，邵珠旭. 消防员运动性疲劳监测量表的应用研究 [J]. 中国安全生产科学技术，2019，15（5）：154-160.

[16] 田梅. 基层心理疏导三问三答 [J]. 政工学刊，2019，（6）：61-63.

[17] 何锋，朱迎. 一线消防员心理素质结构分析 [J]. 消防技术与产品信息，2018，31（4）：37-38+77.

[18] 陈萌，李幼军，刘岩. 脑电信号与个人情绪状态关联性分析研究 [J]. 计算机科学与探索，2017，11（5）：794-801.

[19] 廖曙江. 消防员心理行为特性研究 [J]. 消防科学与技术，2017，36（3）：404-407.

[20] 侯祎. 公安消防指挥员胜任力模型研究 [J]. 消防技术与产品信息，2016，（10）：37-40.

[21] 贾彦峰，朱平，郭淑新. 发生学视野下大学生思想问题与心理问题的适度区分 [J]. 心理健康教育，2016，（7）：82-86.

[22] 刘中起，孙时进. 情感与效能：集体行动中群体认同的理论与实践视阈 [J]. 西南民族大学学报（人文社会科学版），2016，37（8）：183-190.

[23] 张睿，叶存春. 消防员情绪管理能力量表的编制 [J]. 理论观察，2016，（4）：132-134.

[24] 张睿，叶存春. 消防员情绪管理能力量表的实测与应用分析 [J]. 中国应急救援，2016，（6）：47-50.

[25] 戚喜根. 消防员不安全行为的心理分析 [J]. 武警学院学报，2015，31（12）：40-43.

[26] 高怀信，秦鑫，张晓燕. 基层职业消防员心理健康状况调查 [J]. 实用预防医学，2014，21（10）：1265-1266.

[27] 宗周文. 一线战斗员火场心理压力源分析与对策 [J]. 城市与减灾，2014，（6）：23-25.

[28] 李琰琰，夏国锋. 消防员明尼苏达多相人格量表测量 [J]. 中国健康心理学杂志，2013，21（8）：1211-1214.

[29] 朱志玲. 集体行动与集体行为：我国群体性事件的类型分析 [J]. 社会经纬（理论月刊），2013，（10）：132-136.